A teoria de tudo da Automação

Eletrônica Industrial de Potência

BRUNA DUARTE F. FROHMUT

Dados Internacionais de Catalogação na Publicação (CIP)

F894b FROHMUT, Bruna Duarte F.

A teoria de tudo da Automação - Eletrônica Industrial de Potência / Bruna Duarte F. Frohmut. Autor: São Paulo - SP, 2023.

103 p. 14 x 28cm

ISBN: 978-65-86182-22-4

CDD 629

CDU 62-1/-9

1. Automação Industrial. 2. Eletrônica de Potência. 3.Semicondutores. 4.Eletrônica Industrial. 5.Sistema de Manufatura. I Título.

Às mulheres que julgo serem os pilares da minha formação como um indivíduo: Irene Duarte, Paula Duarte Ferreira Cesarini e Fábia Duarte Ferreira, minha eterna gratidão.

AGRADECIMENTOS

Ninguém chega ao topo sem humildade. Ninguém é tão sábio que não possa aprender ou tão inexperiente que não possa ensinar. São as pessoas que encontramos ao longo do nosso caminho que irão contribuir com as suas experiências a construção das nossas experiências. Somos a soma de todos os nossos encontros e das trocas de experiências que foram estabelecidas ao longo dessa jornada chamada vida.

Dessa forma, gostaria de expressar minha gratidão pela conclusão de mais um sonho primeiramente a Deus, à minha mãe Irene Duarte e às minhas irmãs Paula Duarte F. Cesarini e Fábia Duarte Ferreira, por serem os verdadeiros agentes incentivadores para a realização dessa obra, a razão de ser quem sou.

Gratidão também ao meu marido, Claudio de Souza Frohmut, por me inspirar a desenvolver a positividade e o otimismo em nossas vidas, mesmos nos momentos mais desafiadores, além de sempre contribuir com os seus conhecimentos o meu eterno aprendizado na área de tecnologia.

Sou grata a uma querida e grande amiga, Roseli Cshunderlick, uma fonte de inspiração e criatividade.

Aos professores Maria Ermelinda Ferreira Monteiro, Osmar Rocha Simões e Enéias Belan o meu muito obrigada, por terem ensinado de forma tão inspiradora e didática a base do meu conhecimento na área de tecnologia.

Ao professor José Carlos Pratis por todo apoio prestado no início da minha carreira docente e ter contribuído imensamente no meu aprendizado dos saberes da área mecânica.

Ao Professorº Ulisses Nogueira Lima por ter enxergado e acreditado no meu potencial como professora, minha eterna gratidão, pois ser professora para mim é mais do que uma profissão, é a realização de um sonho de vida.

O meu muito obrigada ao Professorº José Eduardo Lopes da Silva por também ter confiado a eu desenvolver um trabalho profissional em sua equipe, o que contribuiu mito para o meu crescimento e desenvolvimento profissional e pessoal.

"Jamais considere seus estudos como uma obrigação, mas como uma oportunidade invejável para aprender a conhecer a beleza libertadora do intelecto para seu próprio prazer pessoal e para proveito da comunidade à qual seu futuro trabalho pertence".

(Albert Einstein)

SUMÁRIO

ELETRÔNICA INDUSTRIAL DE POTÊNCIA

Definição

A eletrônica de potência trata das aplicações de dispositivos semicondutores de potência, como tiristores e transistores, na conversão e no controle de energia elétrica em níveis altos de potência aplicados à indústria. Essa conversão é normalmente de AC para DC ou vice-versa, enquanto os parâmetros controlados são tensão, corrente e frequência. Portanto, a eletrônica de potência pode ser considerada uma tecnologia interdisciplinar que envolve três campos básicos: a potência, a eletrônica e o controle.

Chaves semicondutoras de potência

As chaves semicondutoras de potência são os elementos mais importantes em circuitos de eletrônica de potência. Os principais tipos de dispositivos semicondutores usados como chaves em circuitos de eletrônica de potência são:

- ✓ Diodos;
- ✓ Transistores bipolares de junção (BJTs);

- ✓ Transistores de efeito de campo metal-óxido-semicondutor (MOSFETs);
- ✓ Transistores bipolares de porta isolada (IGBTs);
- ✓ Retificadores Controlados de Sílicio (SCR);
- ✓ TRIAC's.

Tipos de circuitos de eletrônica de potência

Os circuitos de eletrônica de potência (ou conversores, como são usualmente chamados) podem ser divididos nas seguintes categorias:

- ✓ Retificadores não controlados (AC para DC) – converte uma tensão monofásica ou trifásica em uma tensão DC e são usados diodos como elementos de retificação;
- ✓ Retificadores controlados (AC para DC) – converte uma tensão monofásica ou trifásica em uma tensão variável e são usados SCRs como elementos de retificação;
- ✓ *Choppers* DC (DC para DC) – converte ums tensão

DC fixa em tensões DC variáveis;

- ✓ Inversores (DC para AC) – converte uma tensão DC fixa em uma tensão monofásica ou trifásica AC, fixa ou variável, e com frequências também fixas ou variáveis;

- ✓ Conversores cíclicos (AC para AC) – converte uma tensão e frequência AC fixa em uma tensão e frequência AC variável;

- ✓ Chaves estáticas (AC ou DC) – o dispositivo de potência (SCR ou triac) pode ser operado como uma chave AC ou DC, substituindo, dessa maneira, as chaves mecânicas e eletromagnéticas tradicionais.

Aplicações da Eletrônica de Potência

A transferência de potência elétrica de uma fonte para uma carga pode ser controlada pela variação da tensão de alimentação (com o uso de um transformador variável) ou pela inserção de um regulador (como uma chave).

Os dispositivos semicondutores utilizados como chaves têm a vantagem do porte pequeno, do custo baixo, da eficiência e da utilização para o controle automático da potência.

A aplicação de dispositivos semicondutores em sistemas elétricos de potência vem crescendo incessantemente. Os dispositivos como diodo de potência, transistor de potência, SCR, TRIAC, IGBT etc, são usados como elementos de chaveamento e controle de fornecimento de energia de máquinas e motores elétricos.

Dentre as aplicações cotidianas mais comuns se destaca o controle microprocessado de potência.

Figura 1 – Elementos que compõem uma interface de potência

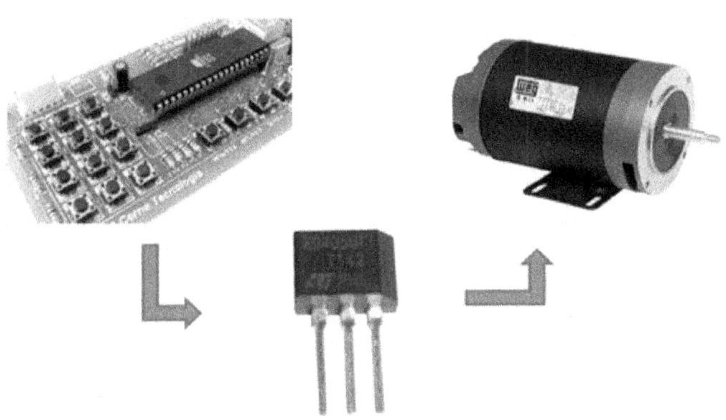

Fonte: Google Imagens

Os equipamentos de informática, tais como a fonte de alimentação chaveada do PC, o estabilizador, o *no-break*, etc, utilizam como elementos principais dispositivos semicondutores chaveadores (Mosfets, IGBTs, TJBs, etc).

Figura 2 – Equipamentos que apresentam semicondutores de potência

Fonte: Google Imagens

DISPOSITIVOS DE POTÊNCIA

Diodo de potência

O material ativo mais comum para a construção do diodo é o silício, um material semicondutor, ou seja, classificado entre o isolante e o condutor, cuja resistência decresce com o aumento da temperatura.

O silício é um elemento do grupo IV da tabela periódica e tem quatro elétrons na última órbita em sua estrutura atômica.

Se a ele for acrescido um elemento pentavalente, com cinco elétrons na última órbita, haverá um elétron livre na estrutura do cristal. O elétron livre possibilita um grande aumento na condução e, como o elétron é uma carga negativa, esse material é conhecido como semicondutor *tipo N*.

Se ao silício for acrescentada uma impureza trivalente, um elemento com três elétrons na sua última órbita, surge um vazio ou lacuna na estrutura cristalina, que pode receber um elétron. Esse vazio pode ser considerado uma carga positiva, conhecida como *lacuna*, e possibilita um grande aumento na condução; esse material dopado é conhecido como semicondutor *tipo P*.

O grau de dopagem (adição de impurezas) é da ordem de 10^7 átomos. Em semicondutores *tipo N*, a maioria dos portadores de corrente é de elétrons e a minoria é de lacunas. O contrário aplica-se a semicondutor *tipo P*. Dependendo da dopagem, a condutividade do semicondutor *tipo N* ou *P* é aumentada muito se comparada ao silício puro.

O diodo mostrado abaixo é formado pela junção dos materiais dos tipos N e P. Desta forma, só há passagem de corrente elétrica quando for imposto um potencial maior no lado P do que no lado N. Devido a uma barreira de potencial formada nesta junção ($V\gamma$), é necessária uma d.d.p. com valor acima de 0,6V (em diodos de sinal) para que haja a condução. Em diodos de potência, esta tensão necessária gira em torno de 1 a 2V.

Figura 3 – Representação da estrutura física e simbologia do diodo

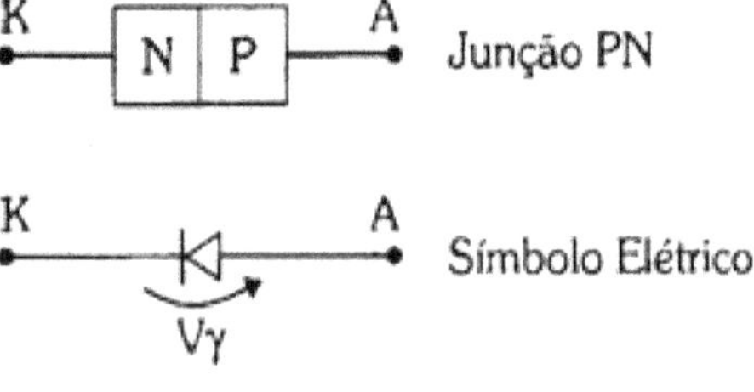

Fonte: Google Imagens

Na figura abaixo vemos o aspecto físico de um diodo de

potência caracterizado pelo anodo rosqueado.

Figura 4 – Aspecto físico de um diodo de potência

Fonte: Google Imagens

Principais características nominais para os diodos

Tensão de pico inversa (PIV)

O valor nominal da tensão de pico inversa (*peak inverse voltage* – PIV) é a tensão inversa máxima que pode ser ligada nos terminais do diodo sem ruptura. Se for excedido a PIV nominal, o diodo começa a conduzir na direção inversa e pode ser danificado no mesmo instante. Os valores nominais da PIV são de dezenas a milhares de volts, dependendo do tipo do diodo. Os valores nominais da PIV são também chamados de *tensão de pico reversa* (PRV) ou *tensão de ruptura* (VBR).

Corrente direta média máxima ($I_{f(avg)Max}$)

A corrente direta média máxima é a corrente máxima que um diodo pode aguentar com segurança quando estiver diretamente polarizado. Os diodos de potência estão disponíveis com valores nominais que vão desde alguns poucos a centenas de ampères.

Tempo de recuperação reverso (t_{rr})

O tempo de recuperação reverso de um diodo é bastante significativo em aplicações de chaveamento em alta velocidade. Um diodo real não passa, em um único instante, do estado de condução para o estado de não-condução. Nesse momento, uma corrente inversa flui por breve período, e o diodo não desliga até que a corrente inversa caia a zero.

O intervalo durante o qual a corrente inversa flui é denominado de tempo de recuperação reverso. Durante este período, são removidos os portadores de carga armazenados na junção quando a condução direta cessou.

Os diodos são classificados como de recuperação *rápida* e *lenta* com base nos tempos de recuperação. Esses tempos vão da faixa de microssegundos, nos diodos de junção PN, a várias centenas de nanossegundos em diodos de recuperação rápida, como o *Schottky*.

Os diodos de recuperação rápida são utilizados em aplicações de alta frequencia, tais como inversores, *choppers* e *nobreaks*.

A figura abaixo mostra um caso onde o diodo conduzia a corrente direta (I_F) e que, depois de desligado, existe um tempo em que a corrente flui no sentido inverso (I_{RR}).

Figura 5 – Condução da corrente direta (I_F) do diodo

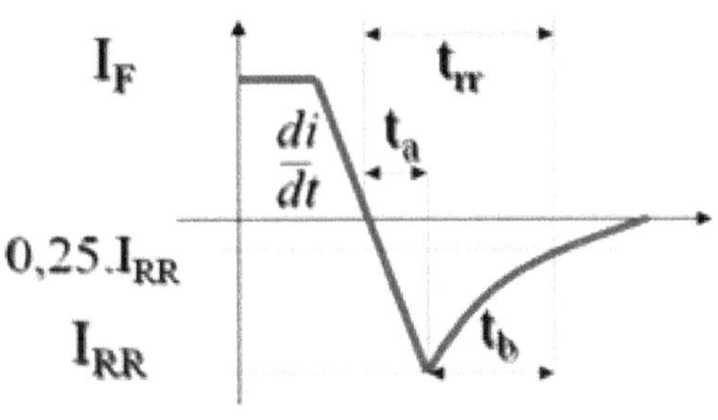

Fonte: Google Imagens

Temperatura máxima da junção ($T_{j(Max)}$)

Este parâmetro define a temperatura máxima que o diodo pode suportar, na junção, sem apresentar defeito. As temperaturas nominais de diodos de silício estão normalmente na faixa de -40ºC a +200ºC. A operação em temperaturas mais baixas costuma resultar em um desempenho melhor. Os diodos são em geral montados em dispositivos dissipadores de calor para que haja melhora nas condições nominais de temperatura.

Corrente máxima de surto (I_{FSM})

O valor nominal da corrente direta máxima de surto é a corrente máxima que o diodo pode suportar durante um transitório fortuito ou diante de um defeito no circuito.

Transistor bipolar de junção (TJB)

Um transistor bipolar é um dispositivo de três camadas P e N (P-N-P ou N-P-N), cujos símbolos são mostrados na figura abaixo:

Figura 6 – Simbologia do transistor bipolar NPN e PNP

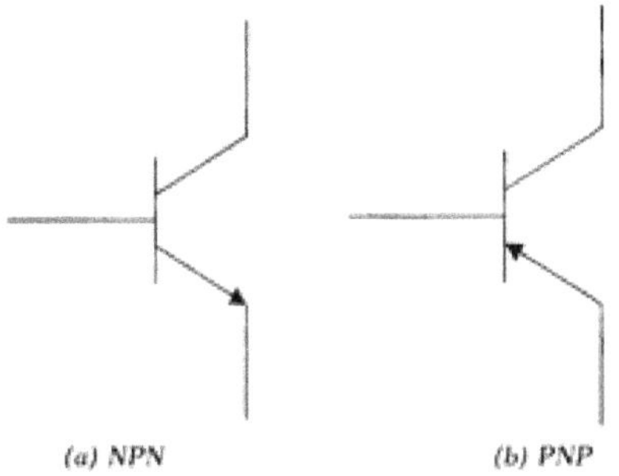

Fonte: Google Imagens

A figura seguinte mostra as correntes e tensões inerentes aos dois tipos de TJB's:

Figura 7 – Correntes e tensões de transistores NPN e PNP

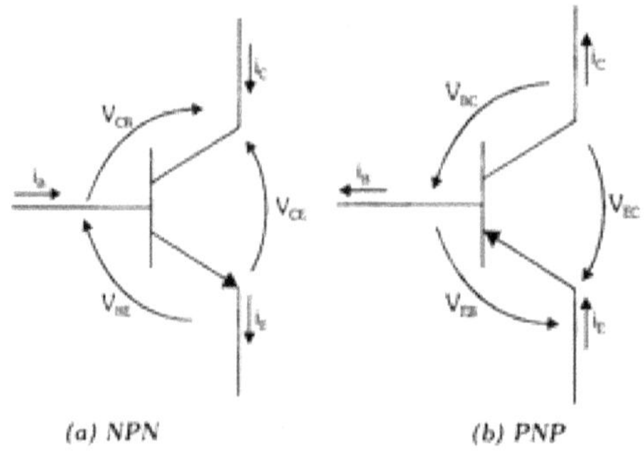

Fonte: Google Imagens

Aplicando-se as leis de Kirchoff para corrente e tensão, teremos as seguintes equações:

NPN ou PNP: $\mathbf{I_E = I_C + I_B}$

NPN ou PNP: $\mathbf{I_C = \beta I_B}$

NPN: $\mathbf{V_{CE} = V_{BE} + V_{CB}}$

PNP: $\mathbf{V_{EC} = V_{EB} + V_{BC}}$

Para o TJB trabalhar como chave eletrônica é preciso polarizá-lo nas regiões de corte e saturação e como amplificador, na região ativa.

De modo geral, o TJB de potência segue os mesmos parâmetros do transistor de sinal. Algumas características são próprias devido aos níveis de correntes e tensões que o dispositivo trabalha, por exemplo:

- o ganho (β) varia entre 15 e 100;
- operação como chave, variando entre os estados de corte e saturação;
- tensão e corrente máximas de coletor de 700V e 800A, respectivamente;
- tensão de saturação é de 1,1V para um transistor de silício;
- tensão de bloqueio reverso entre coletor e emissor em torno de 20V, de modo que o impede de trabalhar em AC.

Transistor de efeito de campo metal-óxido-semicondutor (MOSFET)

O transistor de efeito de campo de semicondutor de óxido metálico (MOSFET) de potência é um dispositivo para uso como chave em níveis de potência. Os terminais principais são o dreno e a fonte, com a corrente fluindo do dreno para a fonte e sendo controlada pela tensão entre a porta e a fonte. Abaixo é mostrado o símbolo do MOSFET:

Figura 8 – Simbologia do MOSFET

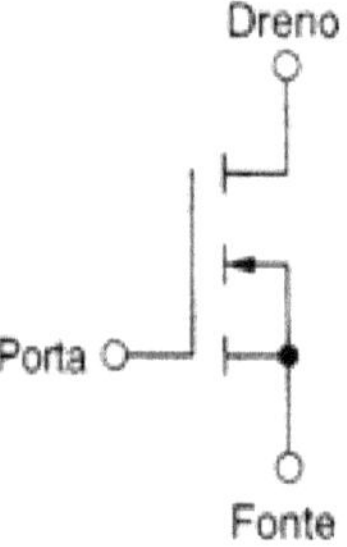

Fonte: Google Imagens

O MOSFET é um transistor de chaveamento rápido, caracterizado por uma alta impedância de entrada, apropriado para potências baixas (até alguns quilowatts) e para aplicações de alta frequência (até 100kHz).

Um MOSFET tem aplicações importantes em fontes de alimentação chaveadas, nas quais frequências altas de chaveamento subentendem componentes menores e mais econômicos, além de motores de baixa velocidade de controle que utilizem modulação por largura de pulso – PWM.

Os MOSFETs estão disponíveis no mercado nos tipos canal N e canal P. Entretanto, os dispositivos em canal N têm valores nominais de corrente e tensão mais altos. A figura mostra a simbologia de um dispositivo em canal N.

Devido à alta resistência de porta, a corrente de controle é praticamente nula, propiciando um controle de condução entre dreno e fonte a partir de uma tensão aplicada no terminal de porta. Ainda, pela baixíssima necessidade de corrente de controle, é possível comutar a condução do MOSFET através de circuitos microcontrolados.

O MOSFET é bem mais rápido nas comutações que o TJB, entretanto fornece mais perdas de condução na saturação.

O MOSFET infelizmente sozinho não consegue bloquear uma tensão reversa entre dreno e fonte. Isto de deve ao um diodo acoplado internamente a sua estrutura em antiparalelo. Este diodo é chamado de *diodo de corpo* e serve para permitir um caminho de retorno para a corrente para a maioria das aplicações de chaveamento. Este diodo é visto na figura.

Figura 9 – MOSFET com o diodo de corpo

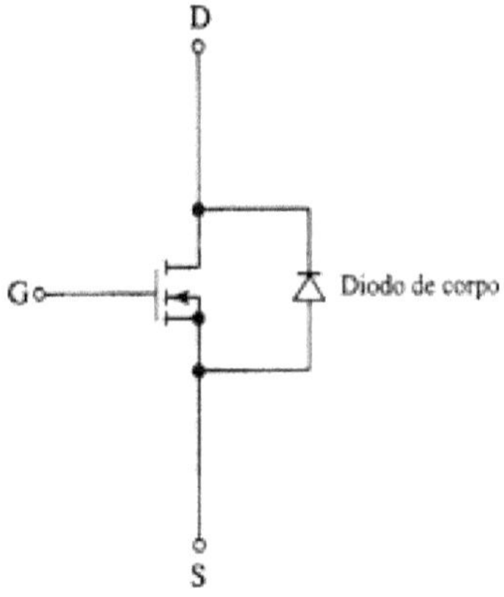

Fonte: Google Imagens

Transistor bipolar de gate isolado (IGBT)

O transistor bipolar de porta isolada (IGBT) mescla as características de baixa queda de tensão de saturação do TJB com as excelentes características de chaveamento e simplicidade dos circuitos de controle da porta do MOSFET. O símbolo do IGBT é mostrado a seguir:

Figura 10 – Simbologia do IGBT

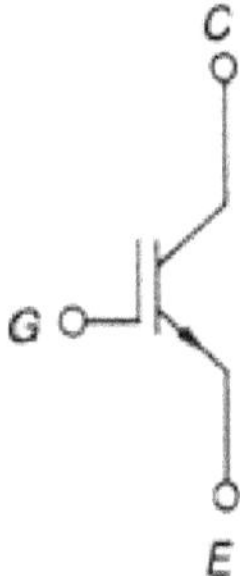

Fonte: Google Imagens

Os IGBTs substituem os MOSFETS em aplicações de alta tensão, nas quais as perdas na condução precisam ser mantidas em valores baixos. Embora as velocidades de chaveamento dos IGBTs sejam maiores (até 50 kHz) do que as dos TJBs, são menores que as dos MOSFETs.

Portanto, as frequências máximas de chaveamento possíveis

com IGBT ficam entre as dos TJBs e as dos MOSFETs. Ao contrário do que ocorre no MOSFET, o IGBT não tem qualquer diodo reverso interno. Assim, sua capacidade de bloqueio para tensões inversas é muito ruim. A tensão inversa máxima que ele pode suportar é de menos de 10 V.

Retificador controlado de silício (SCR)

O SCR é um dispositivo de três terminais, chamados de anodo (A), catodo (K) e gatilho (G), como mostra a figura a seguir:

Figura 11 – Representação da estrutura física, simbologia, aspecto físico e circuito equivalente com transistores

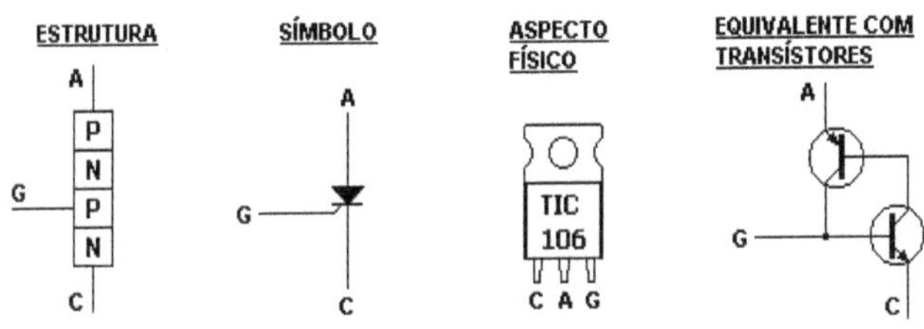

Fonte: Google Imagens

A seguir vemos o aspecto físico mais comum do SCR de potência. A figura mostra o anodo sendo o terminal rosqueado e dois rabichos: o catodo, mais grosso, e o gatilho, mais fino.

Figura 12 – Aspecto físico de um SCR de potência

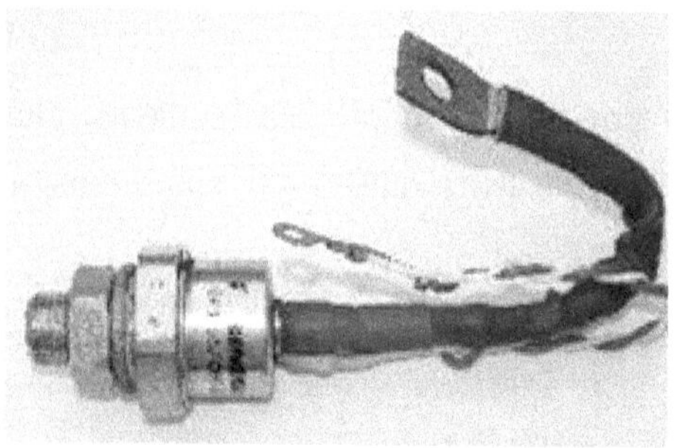

Fonte: Google Imagens

Podemos considerar o SCR um diodo controlado pelo terminal de gatilho. No SCR, apesar da tensão ser positiva, o mesmo ainda permanece bloqueado (corrente nula). Só quando for aplicado um pulso de gatilho, é que o SCR passará a conduzir corrente, comportando-se como um curto-circuito. Para observar este fato melhor é mostrada a curva deste dispositivo.

Características e parâmetros

Observando-se a curva da figura 13, pode-se distinguir três regiões:

- **Polarização reversa**: com VAK<0, praticamente não há corrente reversa. A corrente reversa depende do tipo de SCR. Nos de baixa corrente, a corrente reversa é da ordem de dezenas a centenas de µA e nos de alta corrente, a corrente reversa pode chegar a centenas de mA.

- **Polarização direta em bloqueio**: nesta região, há várias curvas parametrizadas pela corrente de gatilho IG. Quando IG = 0, o SCR permanece bloqueado, desde que a tensão seja inferior a VBO (tensão de disparo ou breakover voltage). Quando VAK= VBO, o SCR dispara e a corrente cresce, sendo limitada pela resistência de carga, colocada em série com o SCR.

- **Polarização direta em condução**: para que o SCR permaneça nesta região, é necessário que a corrente de anodo atinja um valor mínimo de disparo IL (latching current ou corrente de disparo). Caso esse valor não seja atingido, após o disparo, o SCR volta ao estado de bloqueio.

Figura 13 – Curva caracterísitca do SCR

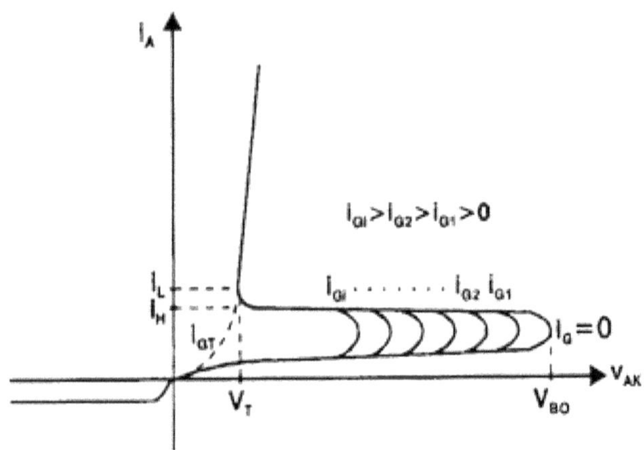

Fonte: Google Imagens

Pela curva do SCR, vê-se que, quanto maior o valor da corrente de gatilho, tanto menor a tensão VAK necessária para disparar o SCR. Isso é verdade até o limite de IG = IGT (corrente de gatilho com disparo). IGT é a mínima corrente de gatilho que garante o disparo do SCR com tensão direta de condução VT. Com IGT aplicada, é como se o SCR fosse um diodo.

Na região de polarização direta em condução, a queda de tensão do dispositivo é em torno de 1,5V.

Após o disparo, sendo estabelecida a condução (IA>IL), a corrente de gatilho poderá ser removida que este continuará em condução. O SCR só voltará ao bloqueio se a corrente IA cair abaixo de **IH** (corrente de manutenção ou *holding current*), ou se VAK < 0.

Métodos de acionamento

O nível mínimo de tensão e corrente necessário para o disparo do SCR é uma função da temperatura da junção. De maneira genérica, quanto menor a temperatura de junção, maior será a corrente e menor será a tensão necessária ao gatilhamento.

A corrente e tensão de gatilho estão sujeitas a um valor máximo, mas no disparo devem ultrapassar um valor mínimo. O produto entre a tensão e corrente de gatilho dá um nível de potência para o qual um máximo é estabelecido.

Métodos de disparo sem aplicação do pulso de gatilho

Além da aplicação do pulso de gatilho, o SCR pode ser disparado de outras formas. Normalmente, esses disparos são indesejados, pois, em alguns casos, podem destruir o dispositivo.

Disparo por sobretensão

Se aumentarmos a tensão VAK a ponto de atingir o valor VBO, o SCR entrará em condução, mesmo sem a aplicação da corrente de gatilho. Este processo de disparo, nem sempre destrutivo, raramente é utilizado na prática.

Disparo por variação de tensão

Um capacitor armazena carga elétrica e a corrente que carrega o capacitor relaciona-se com a tensão pela expressão:

$$i = C \frac{\Delta v}{\Delta t}$$

Ou seja, para haver variação de tensão no capacitor (Δv), em um intervalo de tempo (Δt), é necessário circular uma corrente *i* pelo capacitor. Quando a variação de tensão é muito pequena e o intervalo de tempo muito pequeno, essa expressão muda para:

$$i = C \frac{dv}{dt}$$

Em um SCR polarizado diretamente, na junção J_2 existem íons positivos de um lado e íons negativos do outro. Isto é como um capacitor carregado, como mostra a figura:

Figura 14 – Polarização direta do SCR

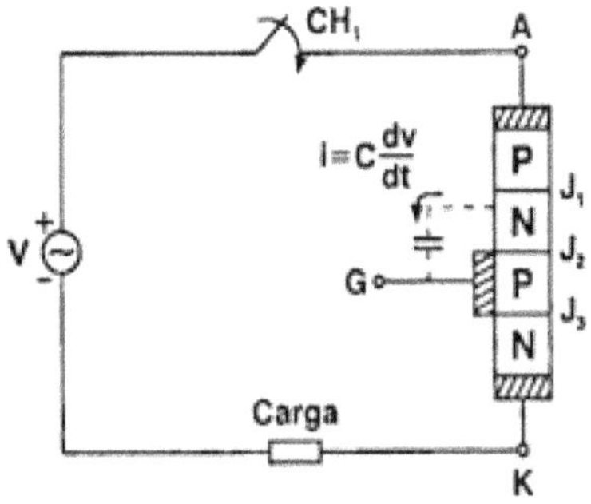

Fonte: Google Imagens

Assim, mesmo não havendo pulso no gatilho, fechando-se a chave CH1, a capacitância da junção J_2 fará com que circule corrente de gatilho. Como a variação é muito grande (de zero para V), a corrente resultante será muito grande. Essa corrente poderá ser suficiente para estabelecer o processo de condução do SCR.

Esse disparo é normalmente indesejado e pode ser evitado pela ação de um circuito de proteção chamado de SNUBBER. Este circuito é mostrado na figura:

Figura 15 – Disparo do SCR com Snubber

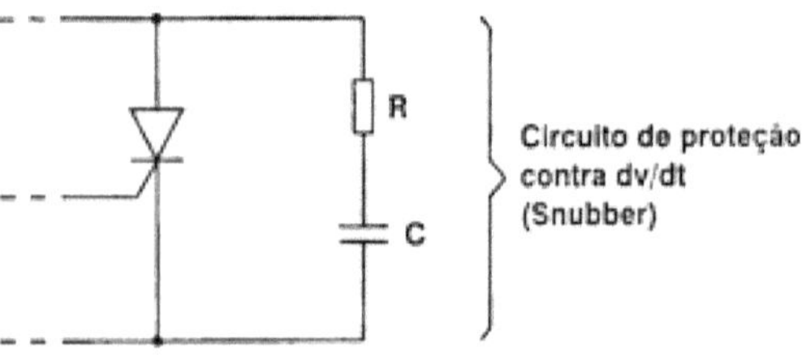

Fonte: Google Imagens

Disparo por outros meios

Há a possibilidade do SCR entrar no estado de condução, sem a aplicação do pulso de gatilho, por aumento de temperatura ou por intensidade de incidência de luz ou radiação no dispositivo. No segundo caso, há um dispositivo próprio chamado de LASCR (*Light Activated Silicon Controlled Rectifier*). Além do disparo por luz, esse dispositivo também é acionado pelo gatilho. Podemos ver na figura abaixo dos detalhes deste dispositivo.

Figura 16 – Simbologia e aspecto físico do LASCR

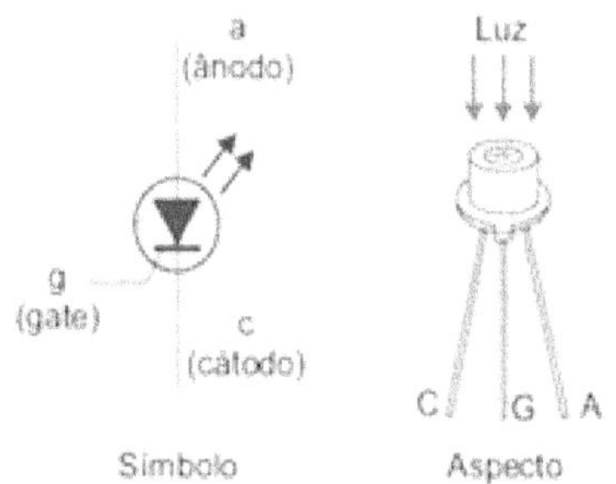

Fonte: Google Imagens

Métodos de bloqueio

Bloquear ou comutar um SCR, significa cortar a corrente que ele conduz e impedir que ele retorna à condução. Ou seja, o bloqueio estará completo, quando a corrente no sentido direto for anulada e a reaplicação de tensão direta, entre anodo e catodo, não provocar o retorno do SCR ao estado de condução.

Bloqueio natural

Quando se reduz a corrente de anodo a um valor abaixo de IH, chamada de corrente de manutenção (*holding current*), o SCR é bloqueado. A corrente de manutenção tem um valor baixo, normalmente cerca de 1000 vezes menor do que a corrente nominal do dispositivo.

Em circuito CA, em algum momento a corrente passa pelo zero da rede, levando o SCR ao bloqueio.

Figura 17 – Bloqueio pelo Zero da Rede de um SCR

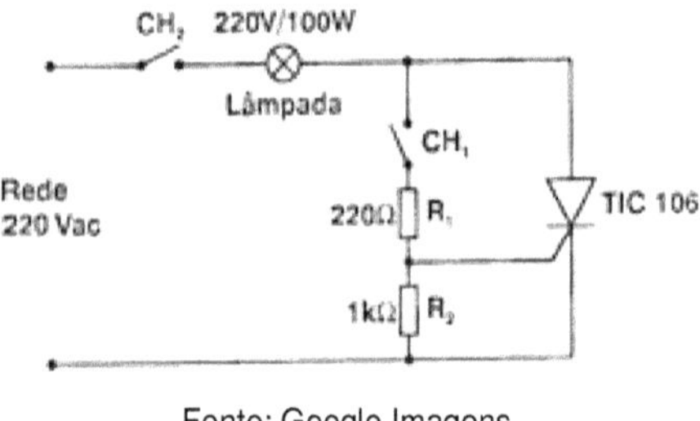

Fonte: Google Imagens

Bloqueio forçado

Em vez de aguardar a passagem de corrente pelo zero da rede para bloquear um SCR, pode-se fazer o bloqueio através de dois meios:

1º: diminuir o fluxo de corrente direta para um valor abaixo de IH;

2º: aplicar tensão reversa.

Após o bloqueio, deve-se garantir que a tensão não seja reaplicada ao SCR imediatamente. Isto restabeleceria o processo de condução do dispositivo. A tensão reaplicada deve aumentar segundo um parâmetro *dv/dt*, definido nas folhas de dados fornecidos pelo fabricante.

Figura 18 – Bloqueio por Chave de um SCR

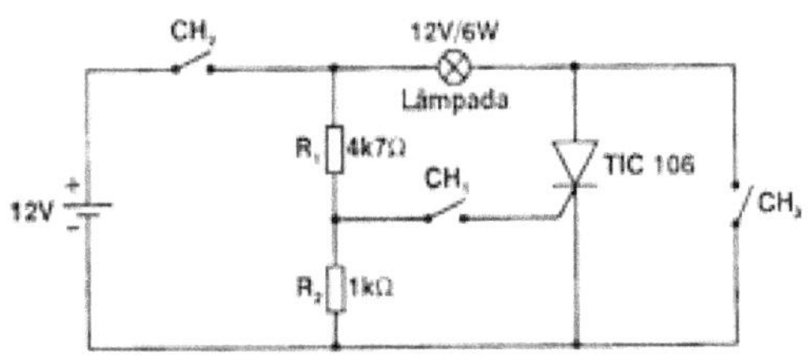

Fonte: Google Imagens

Figura 19 – Bloqueio por Capacitor de um SCR

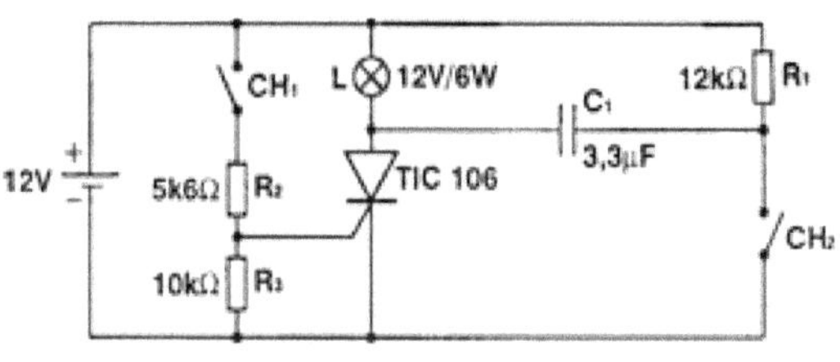

Fonte: Google Imagens

Com CH_1 e CH_2 abertas, o SCR está bloqueado, a lâmpada apagada e o capacitor descarregado.

Fechando-se CH_1, alimenta-se o circuito de gatilho. O SCR dispara e lâmpada acende. Além da corrente da lâmpada, o SCR conduz também a corrente de carga do capacitor C_1, conforme se vê abaixo:

Figura 20 – Condução da corrente de carga do capacitor

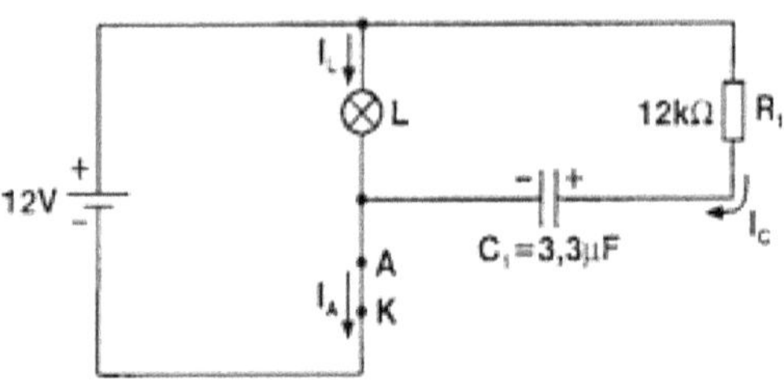

Fonte: Google Imagens

O capacitor carrega-se de forma exponencial, com uma constante de tempo $\tau = R_1 \cdot C_1$. Ou seja, passado um tempo correspondente a τ, o capacitor carrega-se com aproximadamente 2/3 da tensão que o alimenta. No caso deste circuito, com cerca de 5τ o capacitor estará totalmente carregado com 12V.

Se CH_2 for fechada, a tensão acumulada no capacitor polarizará reversamente o SCR levando-o ao bloqueio, de acordo com a figura:

Figura 21 – Polarização reversa do SCR pela tensão do capacitor

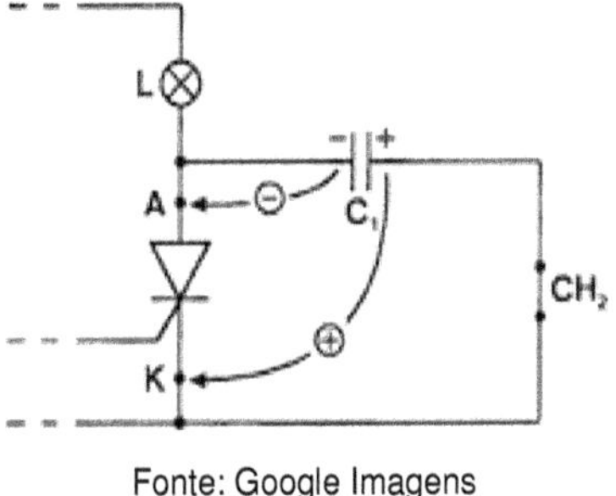

Fonte: Google Imagens

TRIAC

Para se evitar a necessidade de utilização de dois SCRs em antiparalelo, foi desenvolvido o TRIAC.

TRI (triodo ou dispositivo de três terminais) e AC (corrente alternada) formam o nome deste elemento, cuja principal característica é permitir o controle de passagem de corrente alternada.

Figura 22 – Simbologia do TRIAC

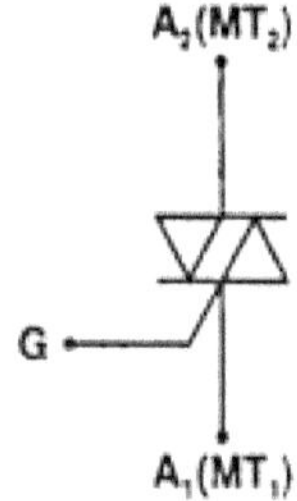

Fonte: Google Imagens

Características e parâmetros

Figura 23 - Curva característica do TRIAC

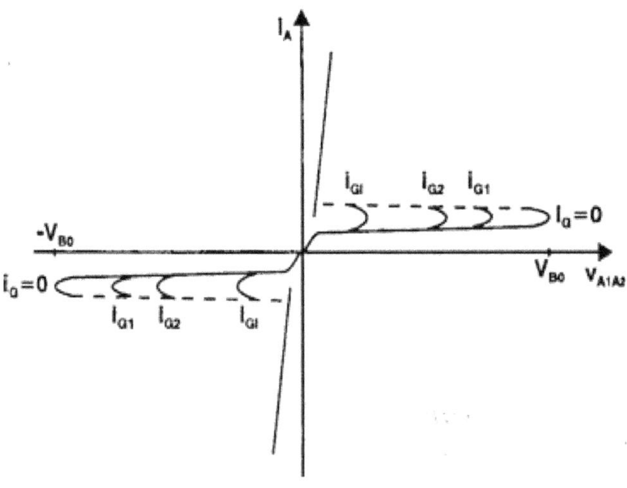

Fonte: Google Imagens

Pela curva característica, pode-se observar que o TRIAC pode conduzir nos dois sentidos de polarização.

As condições de disparo são análogas ao do SCR. Podendo ser disparado com corrente de gatilho positiva ou negativa. Em condução, apresenta-se quase como um curto-circuito com queda de tensão entre 1V e 2V.

Os terminais são chamados de anodo 1 (A1 ou MT1), anodo 2 (A2 ou MT2) e gatilho (G).

O TRIAC pode ser disparado em qualquer polaridade de tensão e sentido de corrente, desta forma ele opera nos quatro quadrantes, tomando-se o terminal A1 como referência.

Figura 24 – Operação dos quadrantes do TRIAC

Quadrante	A_2	G
I	>0	>0
II	>0	<0
III	<0	<0
IV	<0	>0

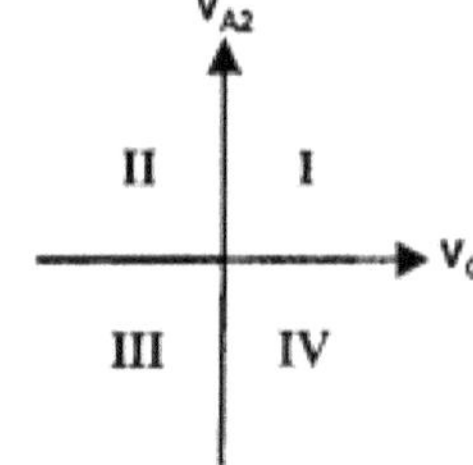

Fonte: Google Imagens

A sensibilidade ao disparo varia conforme o quadrante, em função das diferenças nos ganhos de amplificação, em cada caso. Normalmente, o primeiro quadrante é o de maior sensibilidade ao disparo e o quarto, o de menor.

O TRIAC em corrente alternada

Os circuitos a seguir mostram, como exemplo, aplicações simples do TRIAC em corrente alternada.

Figura 25 – Controle em Onda-Completa com TRIAC

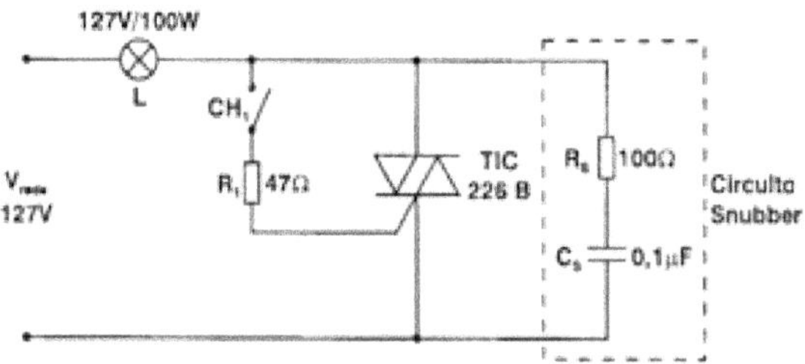

Fonte: Google Imagens

Figura 26 – Controle de Potência com TRIAC em uma carga

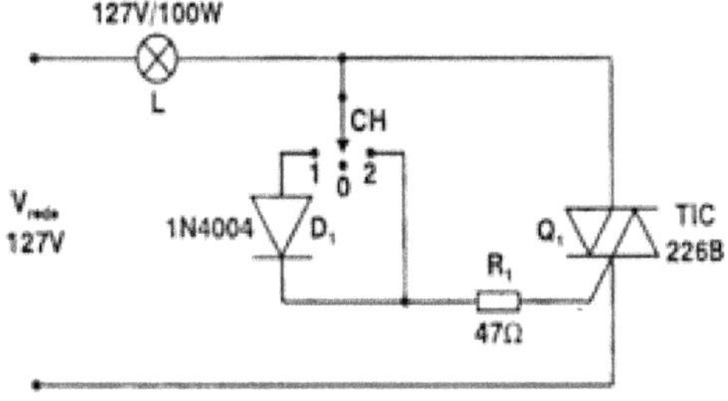

Fonte: Google Imagens

DISPOSTIVOS E CIRCUITOS DE DISPARO

DIAC

Quando o TRIAC é usado como dispositivo de controle, é frequentemente utilizado um DIAC como dispositivo de disparo, conforme pode ser visto na figura:

Figura 27 – Utilização do DIAC como dispositivo de disparo

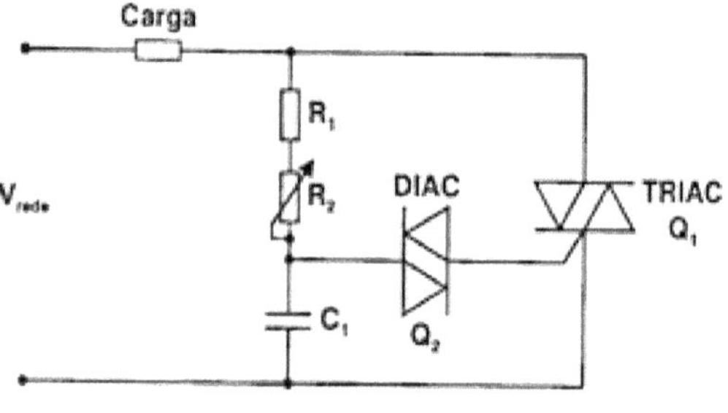

Fonte: Google Imagens

O DIAC (*Diode Alternative Currente*) é uma chave bidirecional disparada por tensão. Normalmente, a tensão de disparo dos DIACs ocorre entre 20 e 40V. A sua curva característica está mostrada a seguir, junto com seus símbolos mais utilizados:

Figura 28 – Curva característica e simbologia do DIAC

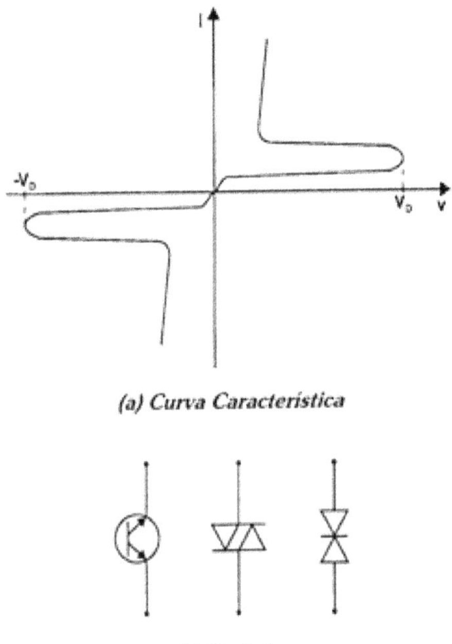

(a) Curva Característica

(b) Símbolos

Fonte: Google Imagens

No circuito da figura, a rede R_1, R_2 e C_1 defasa a tensão sobre C_1. O capacitor se carrega até atingir a tensão VD de disparo do DIAC. Quando isso ocorre, o DIAC entra em condução e cria um caminho de baixa impedância para o capacitor descarregar-se sobre o gatilho do TRIAC. A corrente de descarga do capacitor é suficientemente elevada para conseguir disparar TRIACs de baixa potência, mesmo com valores relativamente baixos de capacitância.

Transistor de unijunção (UJT)

O UJT é um dispositivo semicondutor de três terminais com apenas uma junção PN. A estrutura física e a simbologia do UJT são mostradas na figura:

Figura 29 – Representação da estrutura física e simbologia do UJT

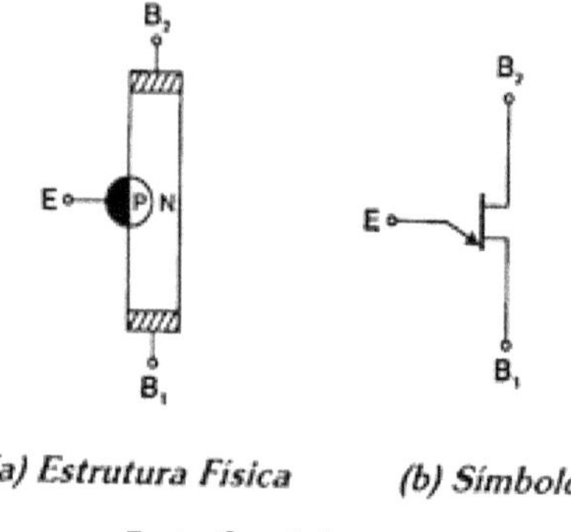

Fonte: Google Imagens

Para facilitar a análise do funcionamento do UJT é utilizado o circuito a seguir:

Figura 30 – Circuito para análise de funcionamento do UJT

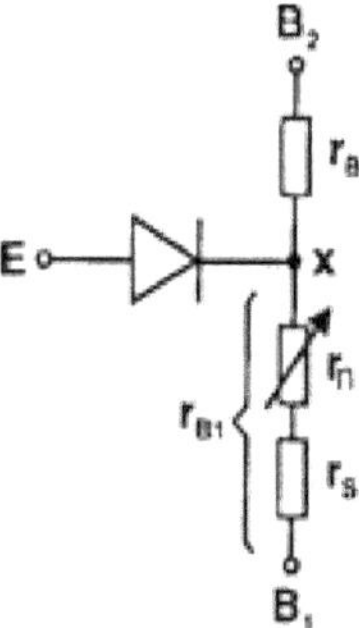

Fonte: Google Imagens

Na figura acima, o diodo representa a junção PN do emissor. O caminho B_2-B_1 (Base 2 e Base 1) é dividido em duas partes: a primeira, rb2, que é a resistência entre o ponto central *x* e o terminal B_2 e a segunda, formada por uma resistência fixa r_s e outra variável r_n, sendo rb1 = $r_s + r_n$.

A soma das resistências rbb = rb1 + rb2 corresponde à resistência da barra entre os terminais B_1 e B_2.

Oscilador de relaxação com UJT

O circuito tradicional de disparo usando o UJT é chamado de oscilador de relaxação.

Figura 31 – Oscilador de relaxação

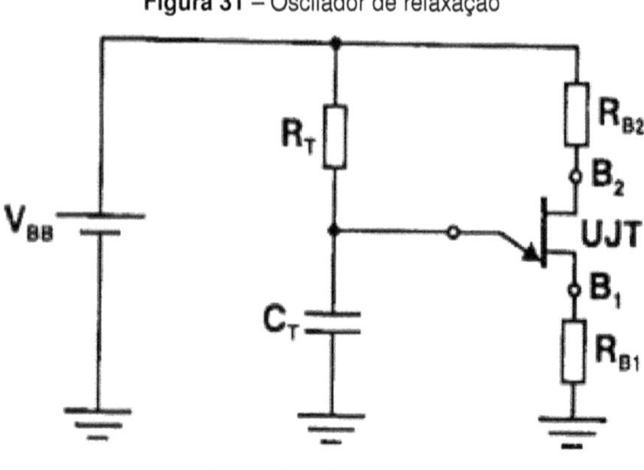

Fonte: Google Imagens

O UJT tem dois parâmetros importantes: Tensão de Disparo (VP) e Tensão de Vale (VV). O primeiro diz o valor de tensão necessário para fazer conduzir o caminho entre o emissor (E) e a base 1 (B_1). O segundo informa o valor de tensão que, após a entrada em condução, bloqueia o citado caminho. Em outras palavras, estes parâmetros indicam o início e o fim do disparo do UJT.

Analisando o circuito da figura 31, vamos considerar inicialmente o capacitor descarregado. Ao ligarmos a fonte VBB ao circuito, o capacitor começará a se carregar exponencialmente. Enquanto o valor da tensão do capacitor não alcançar o valor do parâmetro VP, o UJT estará bloqueado, isto é, passará uma pequena corrente pelo caminho entre os terminais de base. Esta corrente, por sua vez, irá produzir uma pequena queda de tensão no resistor RB_1.

No momento que a tensão do capacitor atinge o parâmetro VP, o UJT começará a conduzir através do caminho emissor e base1. Neste instante inicial de condução, a resistência interna deste caminho é baixíssima, proporcionando a elevação da corrente e, ao mesmo tempo, a descarga do capacitor. É o que chamamos de resistência negativa.

Este surto de corrente inicial é transitório, pois a resistência do caminho E-B_1 torna-se gradativamente maior até o ponto em que a tensão do capacitor cai até o parâmetro VV. Deste modo, o UJT sai de condução proporcionando uma nova recarga do capacitor.

O circuito, portanto, é oscilatório, sendo as formas de onda de VE, VB1 e VB2 como mostradas abaixo:

Figura 32 – Formas de onda do circuito de relaxação

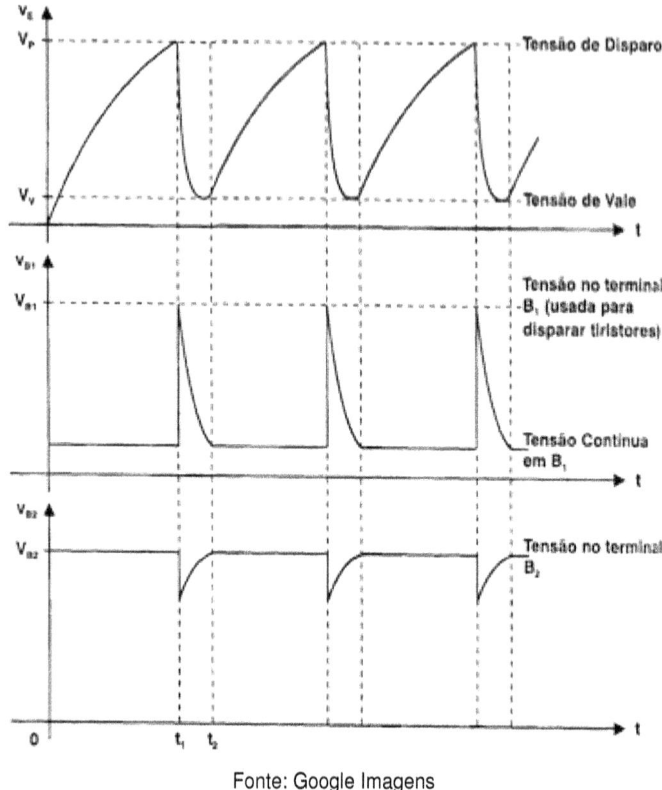

Fonte: Google Imagens

Em B1, aparece um pulso de tensão que é utilizado para o disparo de SCRs e TRIACs, conforme ilustra o circuito da figura a seguir:

Figura 33 – Circuito de disparo de SCRs e TRIACs

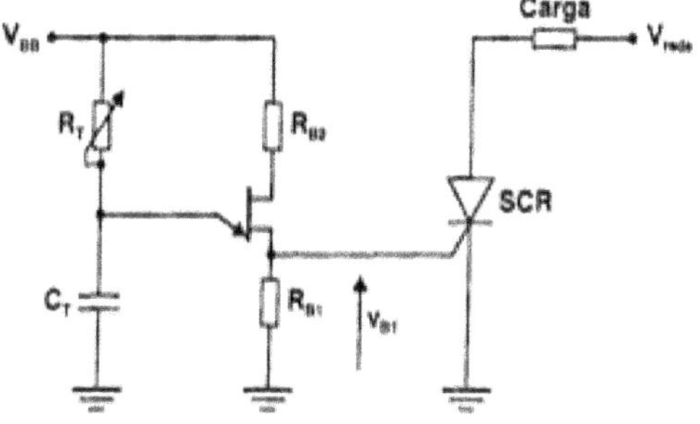

Fonte: Google Imagens

C.I.'s para disparo

Há circuitos integrados (C.I.'s), específicos ou não para esta finalidade, que geram sinais de tensão e corrente direcionados ao disparo de tiristores. Estes sinais são periódicos e podem ser controlados, em termos de frequência e amplitude.

São comumente utilizados para o controle de pulsos de disparos de tiristores dispositivos como microcontroladores, processadores digitais de sinais (DSPs) e, principalmente, o CI TCA 785 produzido pela Siemens.

Circuito integrado TCA 785

A grande utilização de circuitos tiristorizados, associada à similaridade dos circuitos de disparo, deu margem ao aparecimento de circuitos integrados de disparo. A finalidade desses circuitos é a de facilitar o projeto de circuitos de disparo e torná-los mais compactos e confiáveis. Em muitos aparelhos usados industrialmente, destaca-se a utilização do CI TCA 785 da Siemens. A figura mostra a pinagem e a figura, o diagrama de blocos do TCA 785.

Figura 34 – Representação do C.I. TCA 785

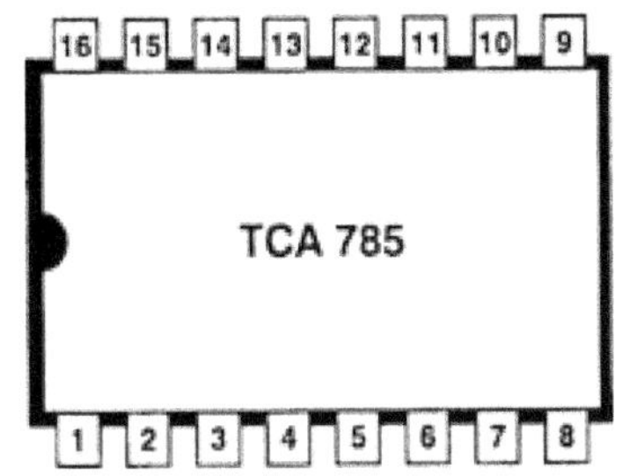

Fonte: Google Imagens

Figura 35 – Circuito interno do C.I. TCA 785

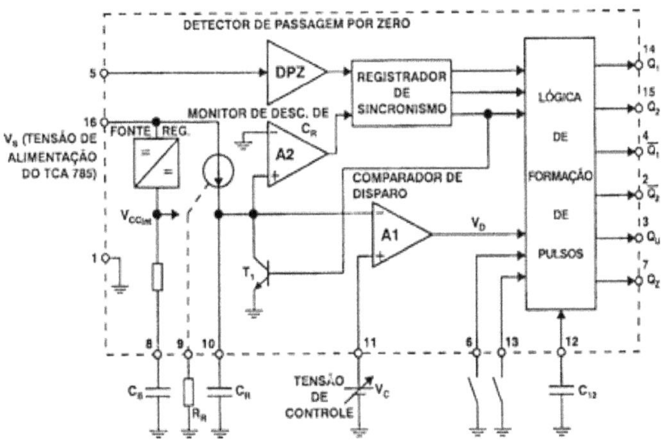

Fonte: Google Imagens

De acordo com os valores dos componentes externos ao TCA 785, pode-se gerar pulsos para acionar tiristores com controle do ângulo de disparo (α) sincronizados com a rede elétrica (60 Hz). A largura dos pulsos pode ser de 30µs ou de 180º-α, como mostrado na figura 36. Esta figura ainda mostra que o ângulo de disparo (α) é controlado basicamente pelo tempo de carga do capacitor C_R e pelo valor da tensão de controle V_C. O pulso largo (180º-α) serve para disparar tiristores em cargas altamente indutivas, onde a corrente de gatilho necessita de um tempo maior para garantir a condução do tiristor.

Figura 36 – Largura dos pulsos gerados pelo C.I. TCA 785 para acionar tiristores

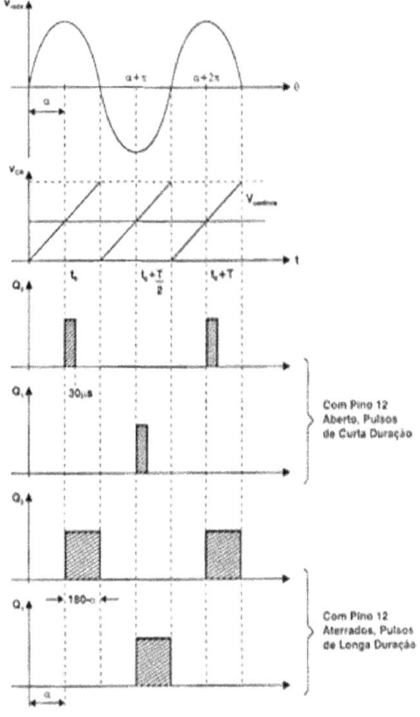

Fonte: Google Imagens

DISPOSITIVOS DE PROTEÇÃO DE CIRCUITOS

Varistores

Um varistor ou VDR (do inglês *Voltage Dependent Resistor*) é um componente eletrônico cujo valor de resistência elétrica é uma função da tensão aplicada nos seus terminais. Isto é, a medida que a diferença de potencial sobre o varistor aumenta, sua resistência diminui.

Os VDRs são geralmente utilizados como elemento de proteção contra transientes de tensão em circuitos, tal como em filtros de linha. Assim eles montados em paralelo ao circuito que se deseja proteger, por apresentarem uma característica de "limitador de tensão", impedindo que surtos de pequena duração cheguem ao circuito, e no caso de picos de tensão de maior duração, a alta corrente que circula pelo dispositivo faz com que o dispositivo de proteção (disjuntor ou fusível), desarme, desconectando o circuito da fonte de alimentação.

Figura 37 – Uso do varistor como dispostivo de proteção em circuitos

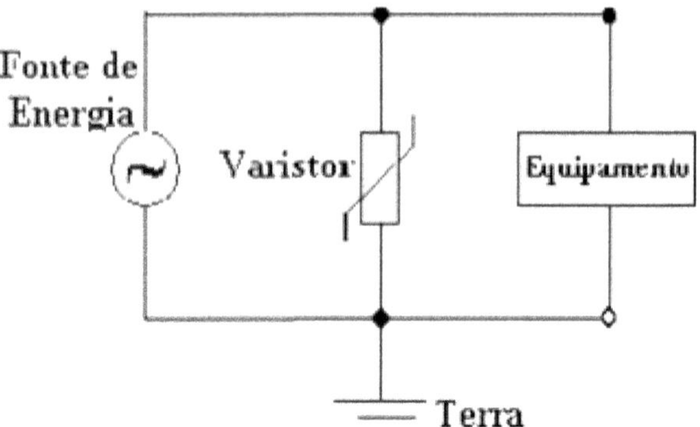

Fonte: Google Imagens

Fusíveis

Os fusíveis são dispositivos que protegem os circuitos elétricos contra danos causados por sobrecargas de corrente, que podem provocar até incêndios, explosões e choques elétricos. Os fusíveis são aplicados geralmente nos circuitos domésticos e na indústria leve.

O funcionamento do fusível baseia-se no princípio segundo o qual uma corrente que passa por um condutor gera calor proporcional ao quadrado de sua intensidade. Quando a corrente atinge a intensidade máxima tolerável, o calor gerado não se dissipa com rapidez suficiente, derretendo um componente e interrompendo o circuito.

O tipo mais simples é composto basicamente de um recipiente tipo soquete, em geral de porcelana, cujos terminais são ligados por um fio curto (elemento fusível), que se derrete quando a corrente que passa por ele atinge determinada intensidade. O chumbo e o estanho são dois metais utilizados para esse fim. O chumbo se funde a 327º C e o estanho, a 232º C. Se a corrente for maior do que aquela que vem especificada no fusível: 10A, 20A, 30A, etc, o seu filamento se funde (derrete).

Figura 38 – Aspecto físico dos fusíveis

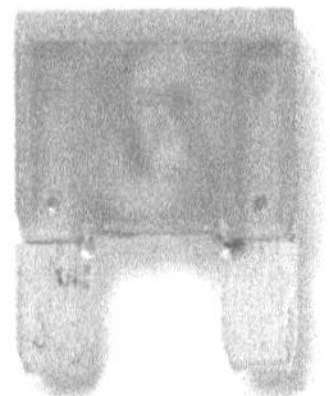

Fonte: Google Imagens

O fusível de cartucho, manufaturado e lacrado em fábrica, consiste de um corpo oco não condutivo, de vidro ou plástico, cujo elemento condutor está ligado interiormente a duas cápsulas de metal e os terminais são localizados nas extremidades.

Transformadores de Pulso

Os transformadores de pulso são especialmente projetados para transmitir os pulsos de disparo aos tiristores.

Figura 39 – Utilização de transformador de pulso num circuito de disparo com UJT

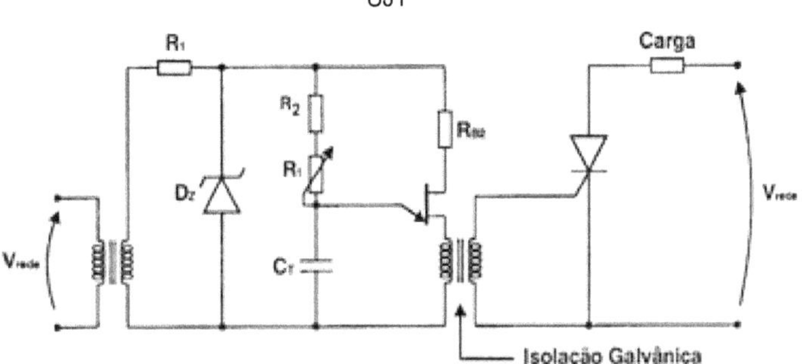

Fonte: Google Imagens

O projeto dos transformadores de pulso deve atender a algumas condições, entre as quais a de o acoplamento entre primário e secundário deve ser o mais perfeito possível. É que no disparo, a corrente injetada no gatilho propaga-se transversalmente no material semicondutor do SCR. Durante essa propagação, as áreas atingidas vão se tornando condutoras, deixando circular a corrente de anodo.

Figura 40 – Propagação da área condutora do SCR

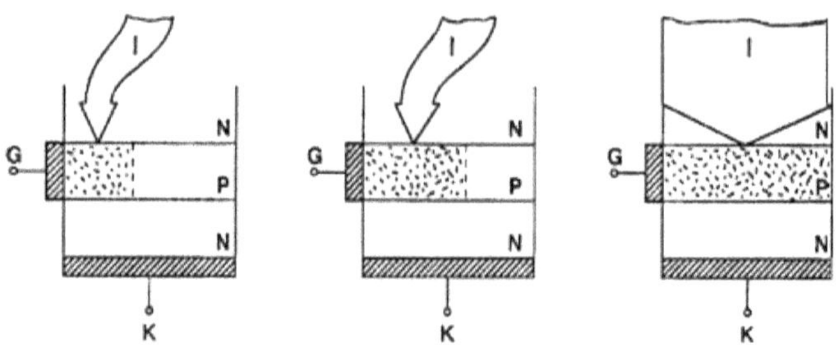

(a) Início do Espalhamento (b) Espalhamento Parcial (c) Espalhamento Total

Fonte: Google Imagens

Se o acoplamento não for adequado, durante o disparo, a área condutora pode não se espalhar rapidamente, fazendo com que a corrente de anodo se concentre toda em uma área pequena. É o que chamamos de ponto quente. Isto tende a queimar o SCR.

Quando a carga for indutiva, haverá um intervalo entre o instante de disparo e o momento em que realmente o SCR entrará em condução. Desta forma, deve-se manter o pulso aplicado por um intervalo de tempo razoável, para garantir que o SCR esteja em condições de disparo no momento adequado.

Isto resulta em pulsos largos, que tendem a saturar o núcleo do transformador de pulso. Para evitar essa saturação, usa-se um esquema chamado de disparo por pulsos de alta frequência. O pulso largo é transformado em um trem de pulsos de alta frequência.

Figura 41 – Transformação de um pulso largo em trem de pulsos de alta frequência

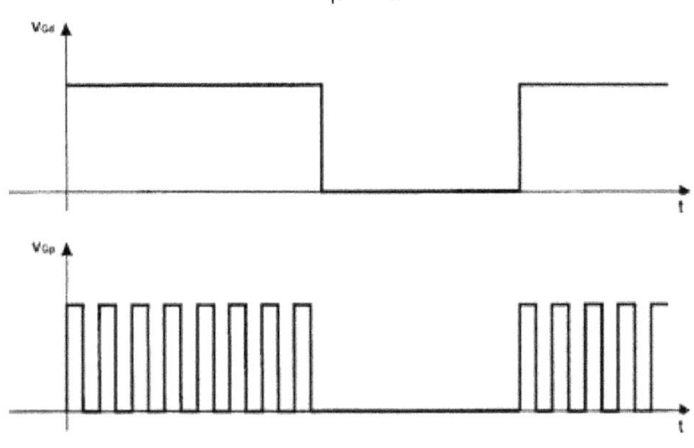

Fonte: Google Imagens

A tensão VGD é o pulso de tensão de gatilho desejada. Trata-se de uma tensão de baixa frequência, que tende a saturar o transformador e distorcer a tensão aplicada ao gatilho.

A tensão VGP é uma tensão com envoltória VGD e possui alta frequência quando há necessidade de se aplicar pulso no gatilho.

Figura 42 – Exemplificação da tensão VGP e VGD

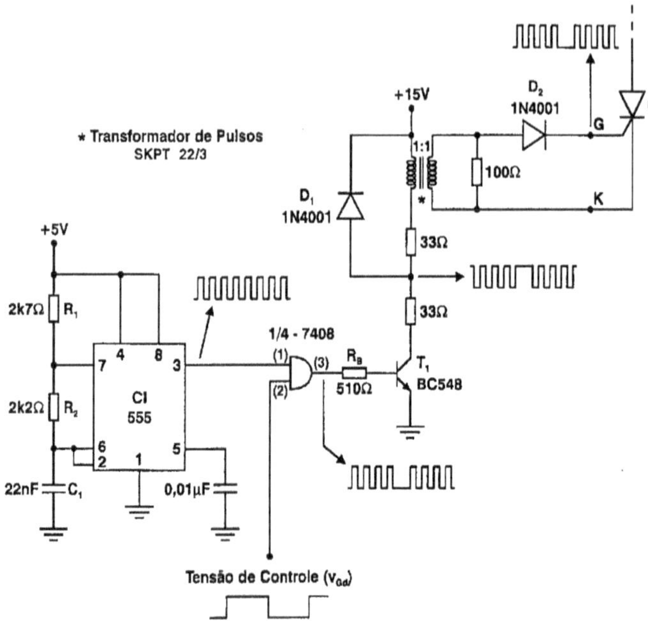

Fonte: Google Imagens

O circuito acima utiliza o CI 555, montado na sua configuração astável, gera um sinal de alta frequência (5 a 10 kHz) em sua saída (pino 3), cujo valor depende de R1, R2 e C1. Após passar pela porta lógica AND, o sinal é amplificado pelo transistor e acoplado ao SCR através do transformador de pulso.

O diodo D1 evita que apareçam sobretensões no transistor, quando este cortar. Neste instante, a energia armazenada no núcleo do transformador é dissipada pelo resistor de 33Ω. No secundário do transformador, D2 retifica os pulsos, impedindo que seja aplicada tensão negativa ao gatilho do SCR.

Acopladores Ópticos

Outra maneira de isolar pulsos de disparo é através de um LED infravermelho e um fotodetector. O fotodetector pode ser um transistor ou até um SCR ou TRIAC, arranjados num mesmo invólucro.

Figura 43 – Acopladores ópticos com fotodectector de transistor e SCR

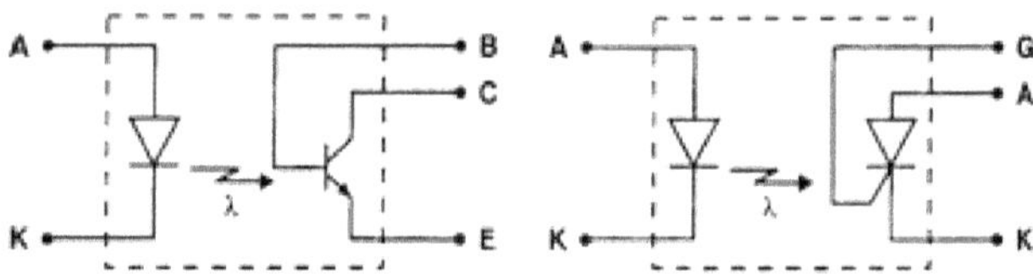

(a) Transistor como Fotodetector (b) SCR como Fotodetector

Fonte: Google Imagens

O inconveniente em usar acopladores ópticos com transistor é a necessidade de uma fonte adicional, para polarizar o circuito de coletor do transistor e fornecer a corrente de gatilho.

Figura 44 – Utilização do MOC3011 para acionar uma carga resistiva via um TRIAC

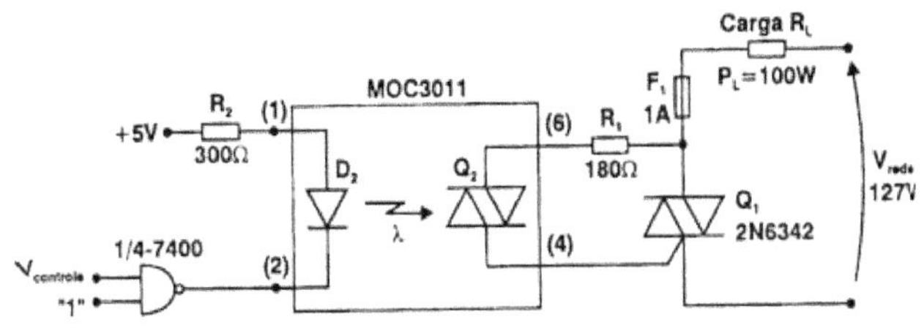

Fonte: Google Imagens

Desejando acionar o TRIAC Q1, o sistema digital deve fornecer nível lógico "1" à entrada de controle da porta NAND. Assim, o pino 2 do MOC3011 vai para nível lógico "0" e o LED D2 fica polarizado diretamente, disparando o fotodetector Q2 e, como conseqüência, o TRIAC Q1.

CONVERSORES AC/DC - RETIFICADORES

Retificadores monofásicos não controlados

A retificação é o processo de converter tensão e corrente alternadas em tensão e corrente contínuas. Um retificador não controlado usa apenas diodos como elementos de retificação. A amplitude da tensão de saída DC é determinada pela amplitude da tensão de alimentação AC. Entretanto, a saída da tensão DC contém componentes AC significativas, as quais recebem o nome de *ondulação*. Para eliminar a ondulação, costuma-se inserir um filtro capacitivo após o retificador.

Os tipos de retificador não controlados e estudados na disciplina de Eletrônica Analógica são o meia-onda, onda completa com derivação (tap) central e onda completa em ponte.

Figura 45 – Exemplos de circuiros de retificadores não controlados

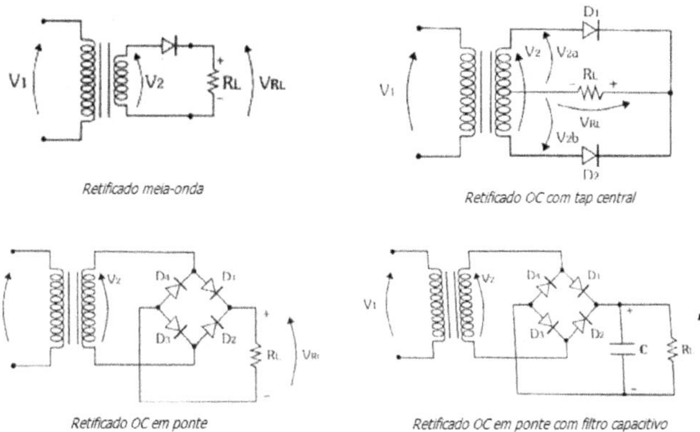

Fonte: Google Imagens

Retificadores Monofásicos Controlados

Os circuitos retificadores são aqueles que transformam um sinal AC em um sinal DC não constante. Eles podem ser não controlados e controlados. Os primeiros utilizam os diodos semicondutores de potência como elementos retificadores, não havendo, portanto, controle do ângulo de disparo. Os retificadores controlados têm como elementos retificadores geralmente os SCRs, possibilitando o controle do ângulo de disparo e, consequentemente, o controle da potência entregue à carga. Neste material estudaremos os retificadores controlados de meia onda e de onda completa.

Retificador controlado de meia onda

Figura 46 – Circuito retificador de meia onda com carga resistiva

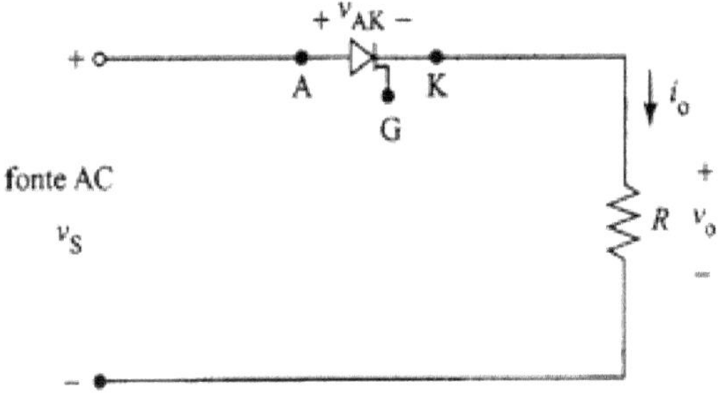

Fonte: Google Imagens

O comportamento das tensões e corrente de carga é

mostrado a seguir.

Figura 47 – Formas de onda de um circuito retificador controlado de meia onda

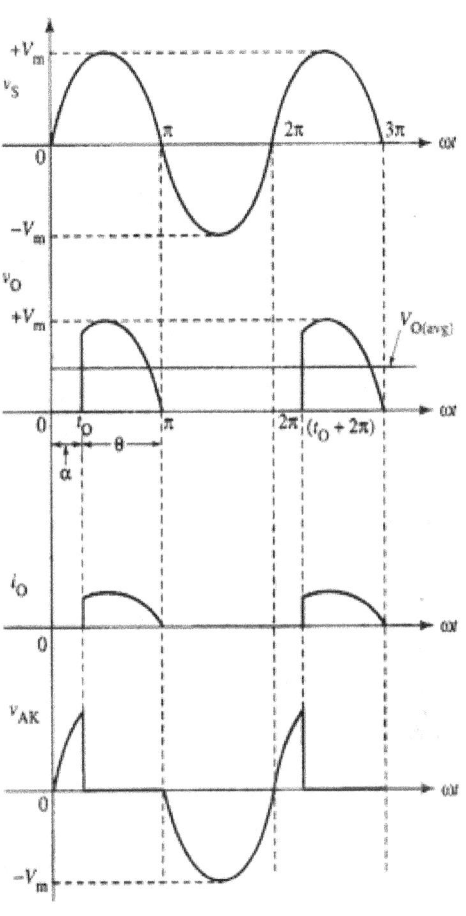

Fonte: Google Imagens

Observa-se que durante o semiciclo positivo, o SCR ficará

diretamente polarizado e conduzirá se o pulso de acionamento for aplicado ao gatilho. Se o SCR passar a conduzir (instante t_0), uma corrente fluirá na carga e a tensão de saída (V_0) será aproximadamente igual à tensão de entrada. No instante em que o semiciclo torna-se igual a igual a zero, o SCR cortará, ficando assim até o próximo disparo no semiciclo positivo. Neste semiciclo, o ângulo em que o SCR fica bloqueado (α) é chamado de ângulo de disparo e o ângulo em que fica conduzindo (θ) de ângulo de condução.

Figura 48 – Circuito retificador em meia onda com carga resistiva e indutiva

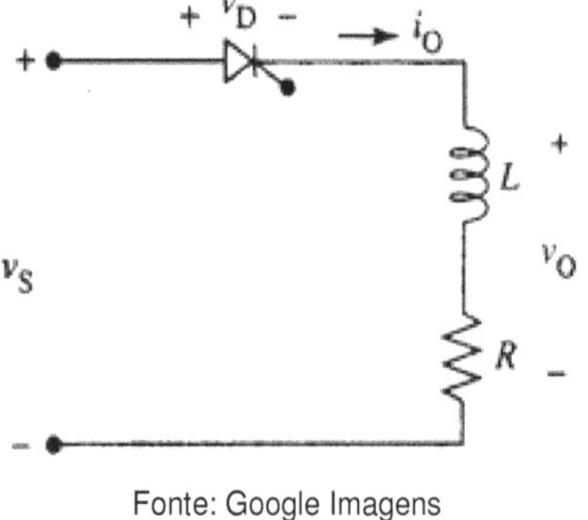

Fonte: Google Imagens

Se o SCR for acionado com um ângulo de disparo igual a α, a corrente na carga aumentará devagar, uma vez que a indutância forçará a corrente se atrasar em relação à tensão. A tensão na carga será positiva e o indutor estará armazenando energia em seu campo magnético.

Quando a tensão aplicada se tornar negativa, o SCR ficará polarizado reversamente. Entretanto, a energia armazenada no campo magnético do indutor retornará e manterá uma corrente direta através da carga. A corrente continuará a fluir até β (denominado de ângulo de avanço), quando então o SCR entrará no estado de bloqueio.

A tensão no indutor mudará de polaridade e a tensão na carga ficará negativa. Em consequência disso, a tensão média na carga vai se tornar menor do que seria se a carga fosse uma resistência pura.

Figura 49 – As formas de onda de circuito retificador em meia onda com carga resistiva e indutiva

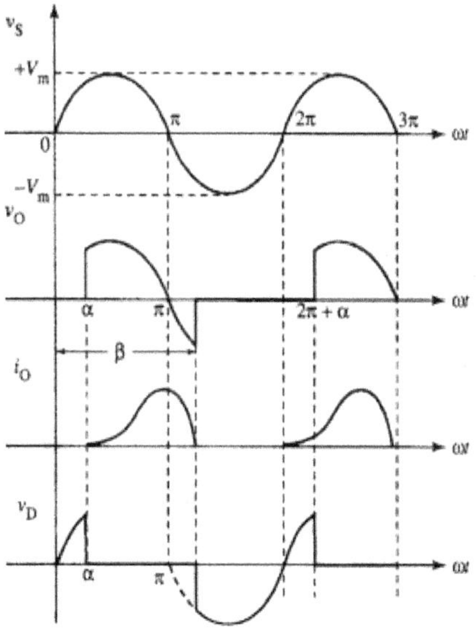

Fonte: Google Imagens

Para cortar a porção negativa da tensão na carga instantânea e amenizar a ondulação da corrente de carga, utiliza-se um diodo de retorno (*free-wheeling diode* ou FWD). Este diodo tem por função dissipar a energia armazenada no indutor durante o tempo em que o SCR estiver bloqueado.

Figura 50 – Circuito com o FWD

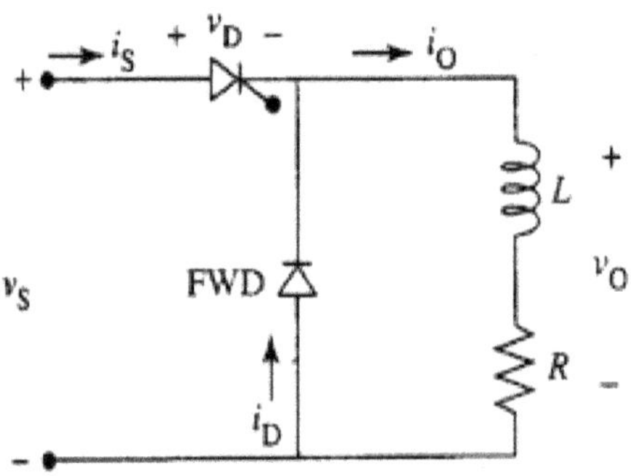

Fonte: Google Imagens

Figura 51 – Formas de onda do circuito com o FWD

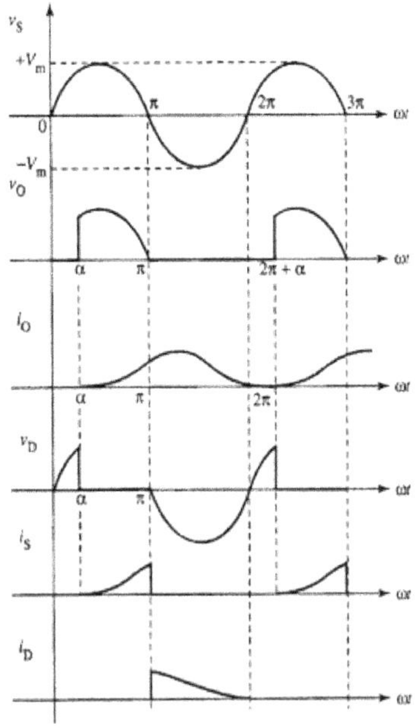

Fonte: Google Imagens

Retificador controlado de onda completa

Para as cargas resistivas (iluminação incandescente, aquecedores, fornos etc), como vimos, há a necessidade de um diodo de retorno (FWD), pois não existe (a princípio) uma indutância. Porém, para efeito de dinamizar o nosso estudo, iremos abordar neste tópico apenas cargas RL, ou seja, que necessitam de um diodo de retorno.

Figura 52 – Circuito retificador com carga RL e FWD

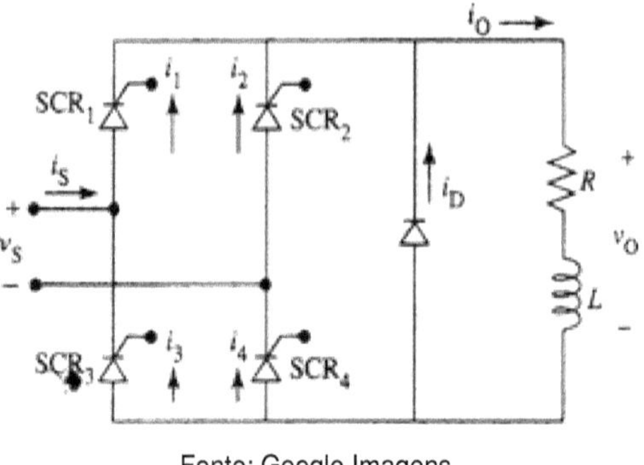

Fonte: Google Imagens

No circuito na figura acima são disparados aos pares (SCR_1/SCR_4 e SCR_2/SCR_3), com um ângulo de disparo igual a α. Os valores médios para a tensão e corrente na carga são o dobro dos valores do retificador de meia onda.

Figura 53 – Formas de onda de um circuito retificador com carga RL e FWD

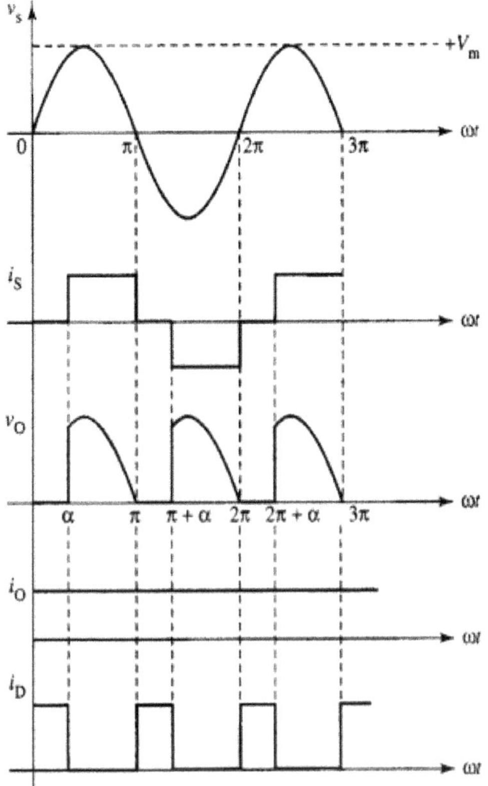

Fonte: Google Imagens

CONVERSORES DC/DC (CHOPPER)

O conversor DC/DC ou *chopper* é usado para obter uma tensão DC variável a partir de uma fonte de tensão DC constante. O valor médio da tensão de saída varia quando se altera a proporção do tempo no qual a saída fica ligada à entrada. Essa conversão pode ser obtida pela combinação de um indutor ou capacitor e um dispositivo de estado sólido que opere no modo de chaveamento em alta frequência.

A técnica de chaveamento usada em choppers é denominada de PWM (pulse-width modulation – modulação por largura de pulso). Há dois tipos básicos de choppers: step- down ou buck e step-up ou boost.

Antes de sermos apresentados de fato aos circuitos *choppers*, veremos a técnica de chaveamento PWM. Neste método, a largura do pulso alto (TON) varia enquanto o período de chaveamento total T é constante. A figura 54 mostra como as formas de onda de saída variam à medida que o ciclo de trabalho (tempo de duração de TON) aumenta e, por consequência, o valor médio (*V average*) da tensão também aumenta.

Figura 54 – Variação das formas de onda de saída de acordo com o ciclo de trabalho

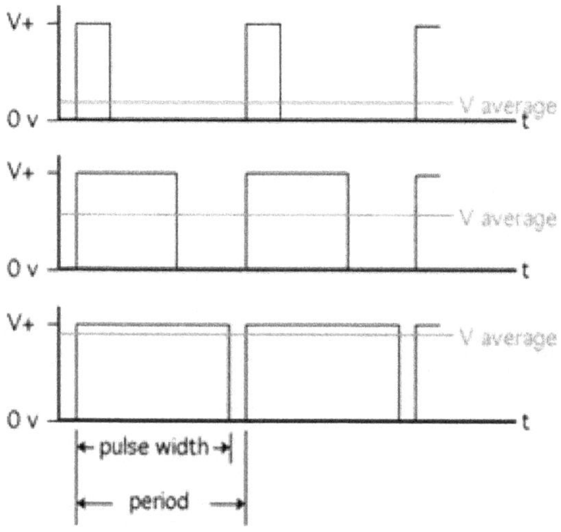

Fonte: Google Imagens

Chopper step-down (buck)

O *chopper step-down* (*buck*) se caracteriza pela tensão média de saída (VO) sermenor que a tensão de entrada (VI).

Figura 55 – Configuração básica do Chopper step-down (buck)

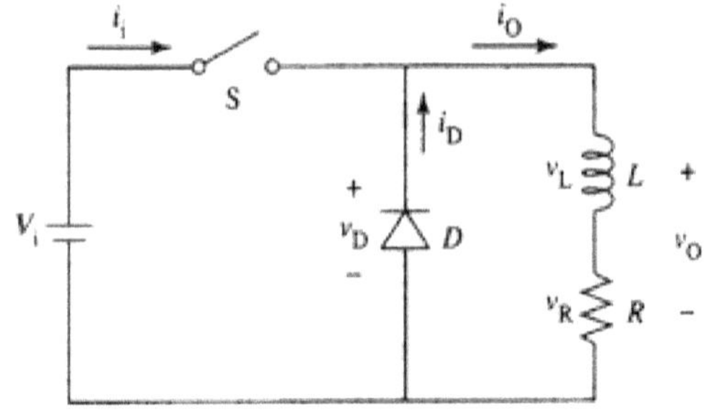

Fonte: Google Imagens

Enquanto a chave S (que pode ser qualquer elemento chaveador como SCR, transistor bipolar, MOSFET operando em PWM) estiver fechada, o diodo ficará polarizado reversamente e o indutor armazenando energia em forma de campo magnético. Nesta situação temos que Vo=Vi.

Quando a chave abrir, a tensão VL torna-se negativa impondo o diodo D ficar em condução até que a energia do indutor se descarregue ou que a chave S volte a fechar. Nesta situação temos que Vo<Vi, pois a parcela relativa a VL diminui a soma Vo=VL+VR.

Figura 56 – Representação das tensões e correntes da configuração básica do Chopper step-down (buck)

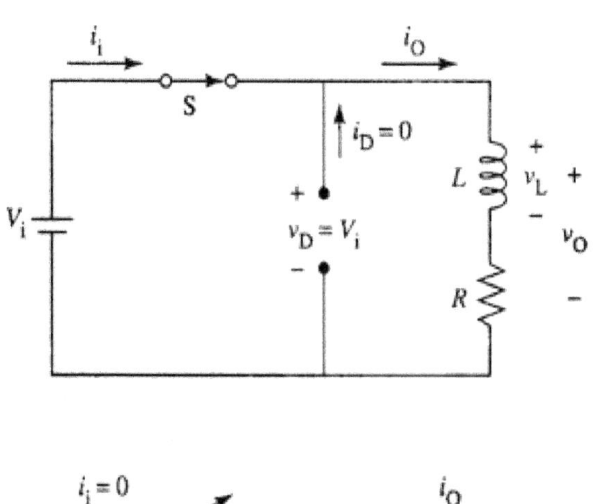

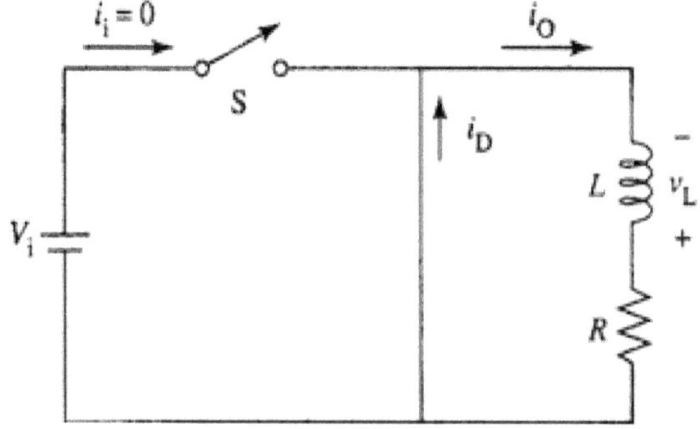

Fonte: Google Imagens

Figura 57 – Formas de onda das correntes e tensões da configuração básica do Chopper step-down (buck)

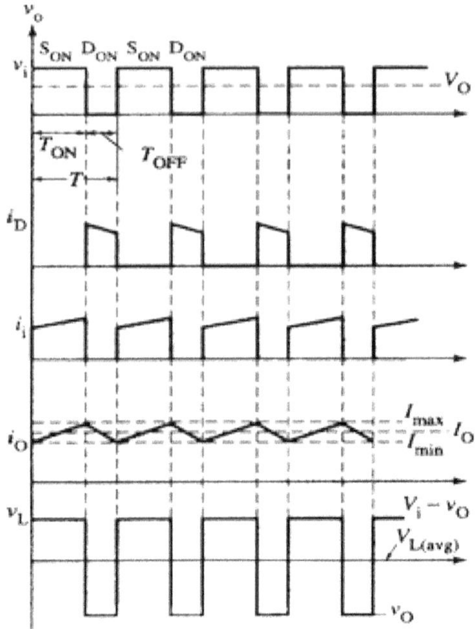

Fonte: Google Imagens

Chopper step-up (boost)

No circuito *boost*, a tensão de saída pode variar desde a fonte de tensão até diversas vezes a fonte de tensão.

Figura 58 – Configuração básica do Chopper step-up (boost)

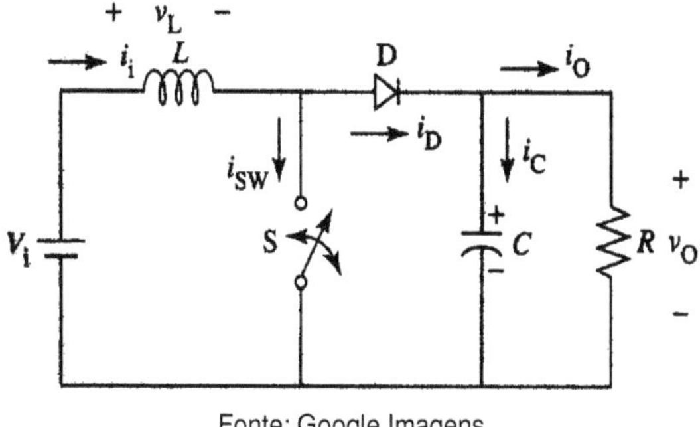

Fonte: Google Imagens

Quando a chave S passar para o estado de condução, o indutor ficará conectado à alimentação. A tensão no indutor (VL) pulará no mesmo instante para a fonte de tensão Vi, mas a corrente no indutor Ii aumentará de maneira linear e armazenará energia no campo magnético. Quando a chave for aberta, a corrente cairá de forma violenta e a energia armazenada no indutor será transferida para o capacitor, através do diodo D.

A tensão induzida no indutor VL mudará de polaridade, somando-se à fonte de tensão para aumentar a tensão de saída VO (mesma tensão do capacitor). Portanto, a energia armazenada no indutor será liberada para a carga. Quando S for fechada, D se tornará inversamente polarizado, a energia do capacitor fornecerá a tensão na carga e o ciclo se repetirá.

Figura 59 – Representação das tensões e correntes da configuração básica do Chopper step-up (boost)

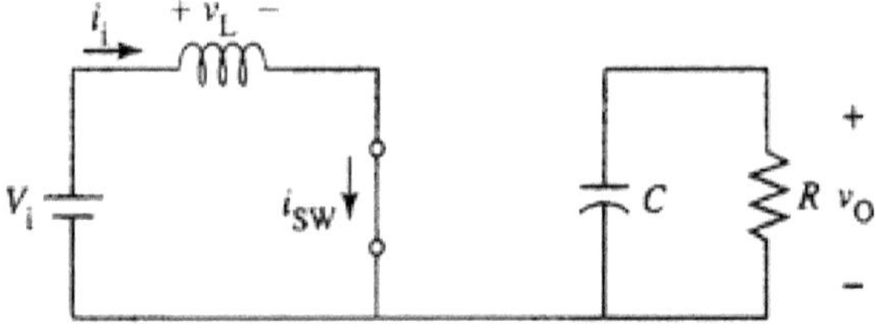

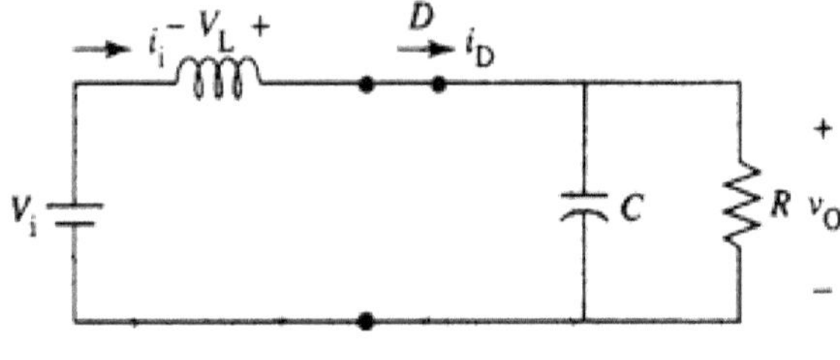

Fonte: Google Imagens

Figura 60 – Formas de onda das correntes e tensões da configuração básica do Chopper step-up (boost)

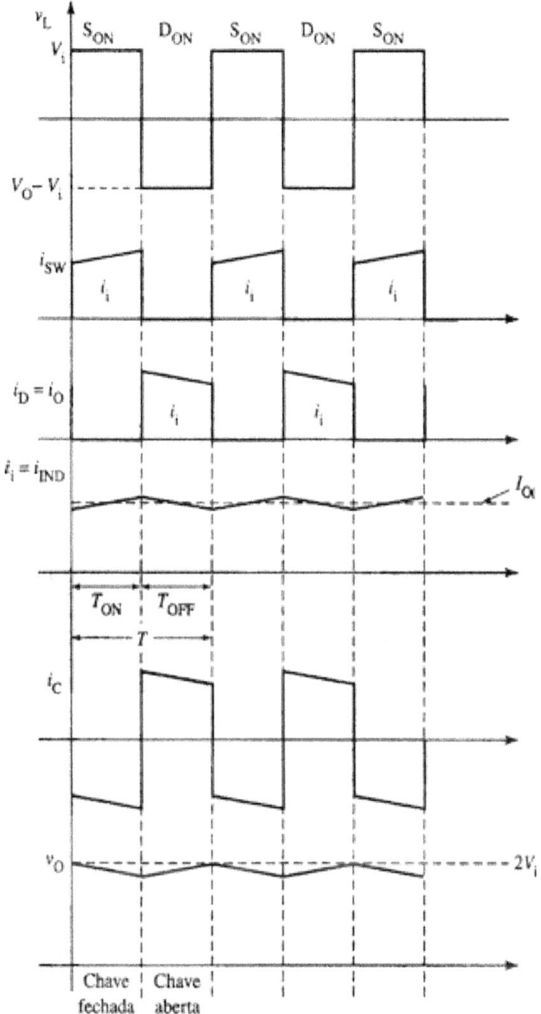

Fonte: Google Imagens

Chopper buck-boost

O circuito *chopper buck-boost* combina os conceitos dos *choppers* anteriores. A tensão de saída pode ser mais alta, igual ou menor que a tensão de entrada. Uma inversão de polaridade na tensão de saída também pode ocorrer. Como visto nas situações anteriores, a chave pode ser qualquer dispositivo de chaveamento controlado, tal como um TJB ou IGBT.

Quando a chave S estiver ligada, o diodo D ficará inversamente polarizado e i_D será nula. O circuito pode ser simplificado, como mostra a figura. A tensão no indutor é igual à tensão de entrada e a corrente no indutor i_L aumenta de modo linear com o tempo. Quando S estiver desligada, a fonte será desconectada.

A corrente no indutor não poderá variar de imediato; logo, polarizará o diodo diretamente e fornecerá um caminho para a corrente na carga. A tensão de saída se tornará igual à tensão no indutor.

Figura 61 – Configuração básica do Chopper buck-boost e representação das tensões e correntes

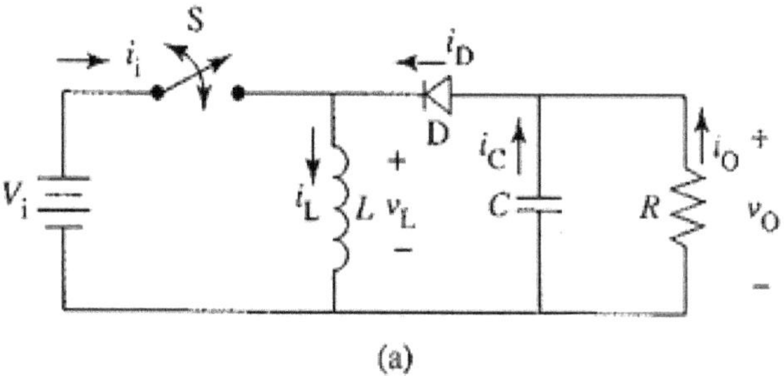

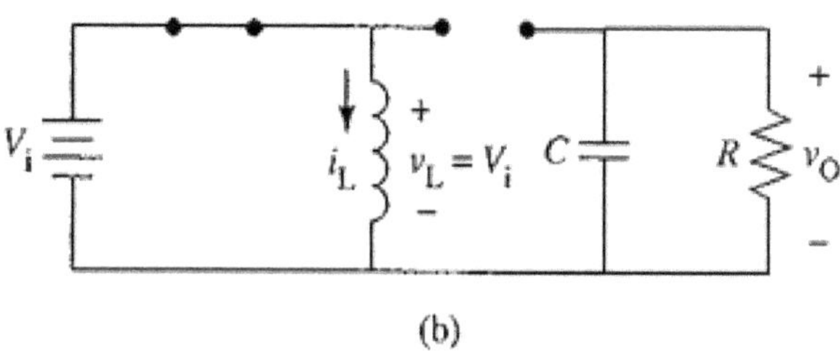

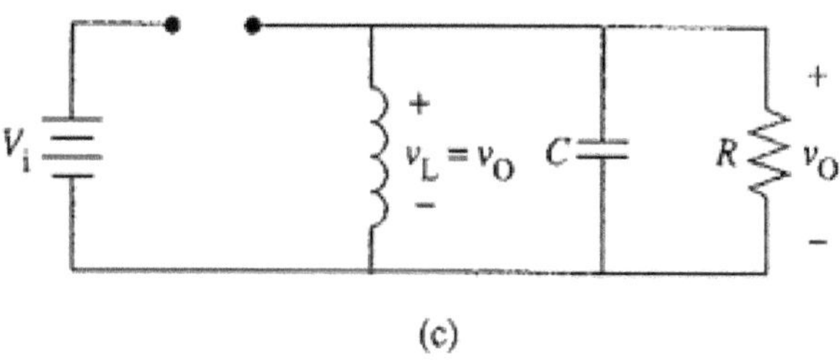

Fonte: Google Imagens

Figura 62 – Formas de onda das correntes e tensões da configuração básica do Chopper buck-boost

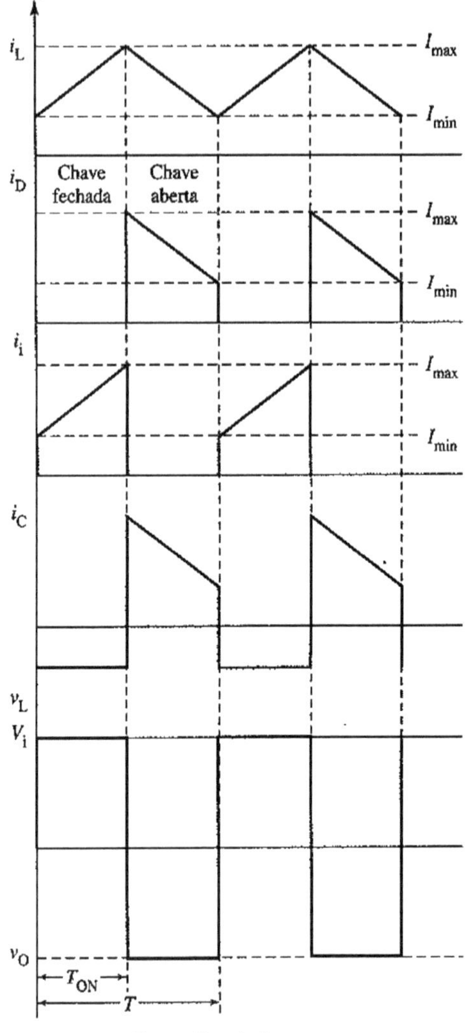

Fonte: Google Imagens

CONVERSORES DC/AC (INVERSORES)

Os inversores são circuitos estáticos (isto é, não têm partes móveis) que convertem potência DC em potência AC com a frequência e tensão ou corrente de saída desejada. A tensão de saída tem uma forma de onda periódica que, embora não-senoidal, pode, com uma boa aproximação, chegar a ser considerada como tal. Dentre os vários tipos de inversores destacamos os de fonte de tensão (VSI – *Voltage source inverters*) que são utilizados nas fontes de tensão de funcionamento contínuo (UPS – *Uninterruptible power supplies*).

O circuito básico para gerar um sinal AC a partir de um DC, monofásico.

Figura 63 – Circuito básico para gerar um sinal AC a partir de um DC

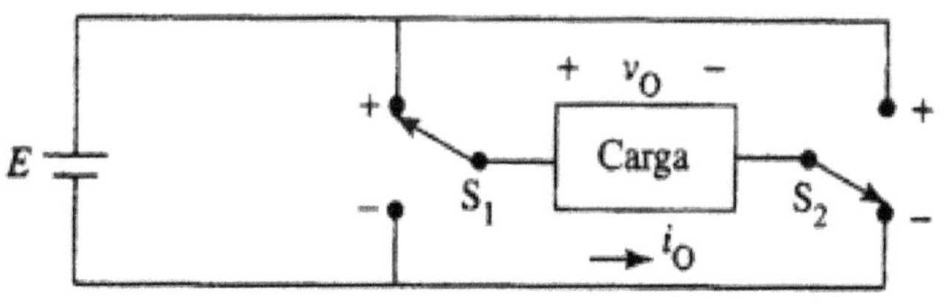

Fonte: Google Imagens

As chaves S_1 e S_2 ligam e desligam a fonte DC à carga de modo alternado, o que produz uma forma de onda retangular de tensão AC. O circuito anterior é chamado de inversor de meia ponte por ter apenas dois elementos chaveadores. Uma vez que as chaves têm terminais positivo e negativo, a combinação das duas chaves fornecem os quatro estados mostrados na figura abaixo:

Figura 64 – Combinação chaves S1 e S2 e os estados da tensão na saída

Estado	S_1	S_2	Tensão de saída
1	+	-	$+E$
2	-	-	0
3	-	+	$-E$
4	+	+	0

Fonte: Google Imagens

Quando os estados 1 e 3 são repetidos de maneira alternada, uma tensão de onda quadrada é gerada na carga, como mostra a figura 64. Se os estados 2 e 4, que fazem a tensão na carga ficar em zero, são usados, obtém-se uma onda em degrau ou forma de onda quase quadrada, como pode ser observado na figura abaixo:

Figura 65 – Forma de onda na saída de um conversor DC/AC

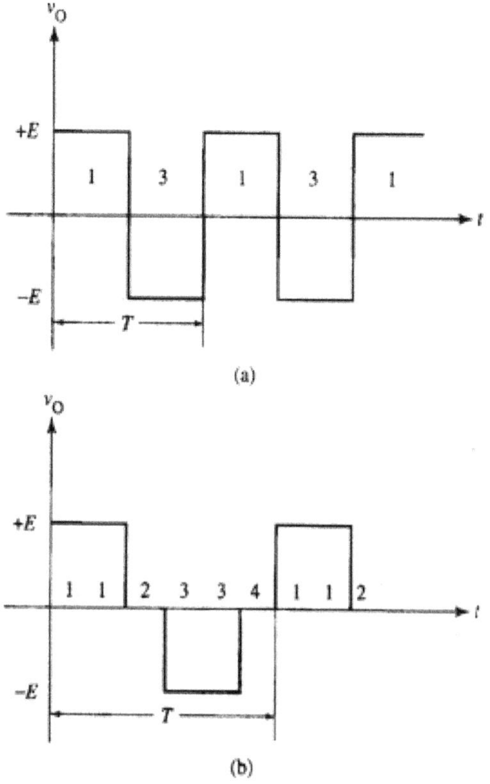

Fonte: Google Imagens

Funcionamento de inversores monofásicos

A figura mostra um inversor monofásico com carga RL que usa SCRs como chaves. A tensão de saída é uma forma de onda retangular, com um ciclo de trabalho de 50%. A forma de onda da corrente na saída tem forma exponencial. Quando a tensão de saída for positiva, a corrente crescerá exponencialmente. Durante o ciclo seguinte, quando a tensão de saída for negativa, a corrente cairá exponencialmente.

A função dos diodos de retorno é fornecer um caminho de volta para a corrente de carga, quando as chaves estiverem desligadas. Logo após SCR_2 e SCR_3 passarem para o estado *desligado* em *t*=0, por exemplo, os diodos D_1 e D_4 irão ligar.

A corrente de carga começará em um valor negativo e crescerá exponencialmente a uma taxa dada pela constante de tempo da carga ($\tau = L/R$).

A fonte de corrente DC, nesse período, é invertida e flui de fato para a fonte DC. Quando a corrente na saída chega a zero, D_1 e D_4 passam para o estado *desligado* e SCR_1 e SCR_4, para o *ligado*.

A corrente continua a crescer e alcança o valor máximo em *t=T/2*, quando SCR_1 e SCR_4 passam para o estado *desligado*. A tensão na saída se inverte, mas a corrente na saída continua a fluir na mesma direção.

A corrente na saída somente pode fluir através dos diodos D_2 e D_3, que ligam a fonte DC à carga , o que gera tensão inversa.

A energia armazenada no indutor retorna à fonte DC e a corrente na saída agora cai de seu valor máximo e chega a zero. Logo que a corrente de carga parar, SCR_2 e SCR_3 podem conduzir para fornecer potência à carga.

A corrente alcança seu valor máximo negativo em $t=T$ e o ciclo se repete.

A figura apresenta as formas de onda de tensão e corrente. Também mostrados nas formas de onda estão os dispositivos que conduzem durante os vários intervalos. Observe, na forma de onda da fonte de corrente (indutor), que esta fica positiva quando as chaves conduzem e quando há potência entregue pela fonte. Mas se torna negativa quando os diodos conduzem e quando há potência absorvida pela fonte.

Figura 66 – Configuração básica do Conversor DC/AC (inversor) e representação das correntes

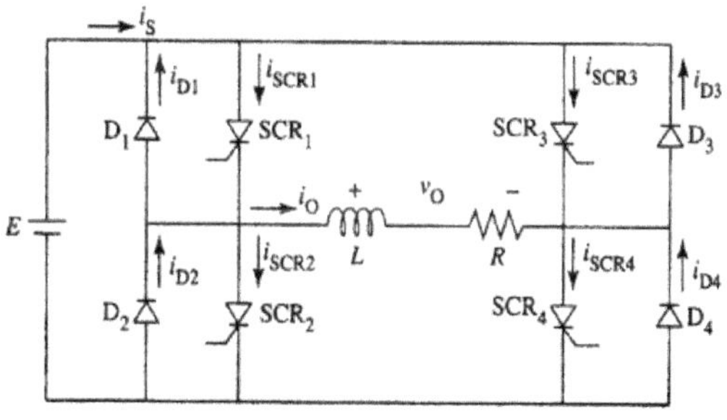

Fonte: Google Imagens

Figura 67 – Formas de onda das correntes e tensões do conversor DC/AC (inversores)

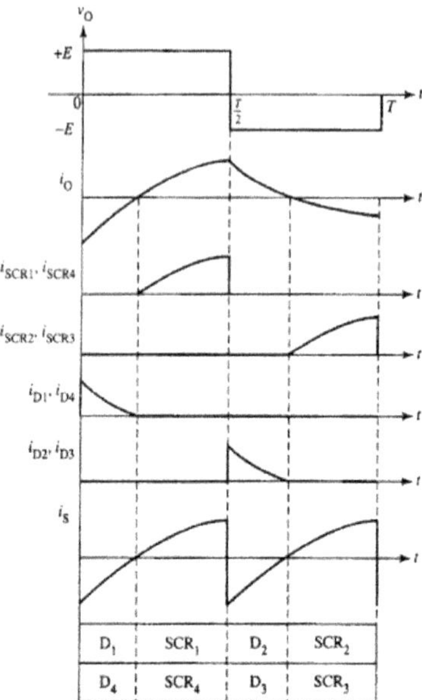

Fonte: Google Imagens

CHAVES ESTÁTICAS

Definições e aplicações

Uma chave estática comuta a potência para a carga, liga e desliga, mas não a modifica em nenhum outro aspecto. A característica duplamente estável dos dispositivos semicondutores (como os tiristores) – isto é, a existência de dois estados estáveis (condução e não condução) – sugere que esses dispositivos podem ser usados como chaves sem contatos. As aplicações no campo do chaveamento estático incluem chaves liga/desliga, disjuntores, relés de estado sólido, contactores e outros semelhantes. Um caso típico de operação de uma chave estática é a aplicação de tiristores no chaveamento de uma carga, como observado na figura abaixo:

Figura 68 – Aplicação de tiristores no chaveamento de uma carga

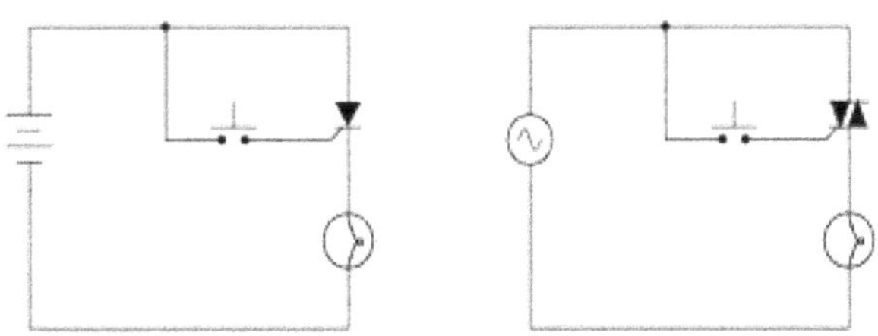

Fonte: Google Imagens

Comparação com relés eletromecânicos

Uma chave semicondutora oferece diversas vantagens em relação aos relés eletromecânicos e a outros dispositivos mecânicos de chaveamento. Para a devida comparação, vejamos o que são os relés eletromecânicos.

Relés Eletromecânicos

A estrutura simplificada de um relé eletromecânico é mostrada na figura abaixo:

Figura 69 – A estrutura simplificada de um relé eletromecânico

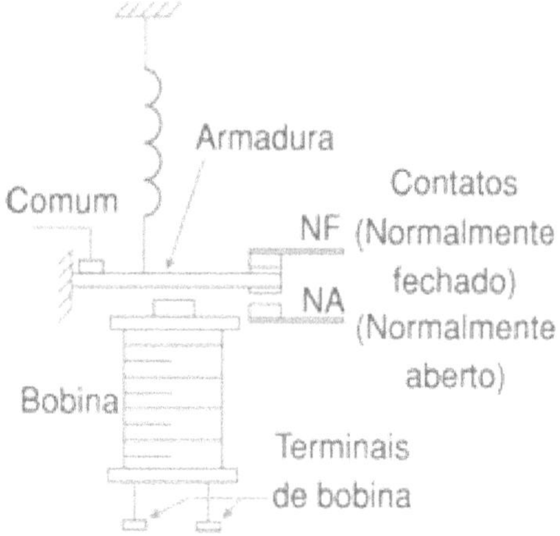

Fonte: Google Imagens

Nas proximidades de um eletroimã é instalada uma armadura

móvel que tem por finalidade abrir ou fechar um jogo de contatos. Quando a bobina é percorrida por uma corrente elétrica é criado um campo magnético que atua sobre a armadura, atraindo-a. Nesta atração ocorre um movimento que ativa os contatos, os quais podem ser abertos ou fechados.

Isso significa que, através de uma corrente de controle aplicada à bobina de um relé, podemos abrir ou fechar os contatos de uma determinada forma, controlando assim as correntes que circulam por circuitos externos. Quando a corrente deixa de circular pela bobina do relé o campo magnético criado desaparece, e com isso a armadura volta a sua posição inicial pela ação da mola.

Os relés se dizem energizados quando estão sendo percorridos por uma corrente em sua bobina capaz de ativar seus contatos, e se dizem desenergizados quando não há corrente circulando por sua bobina. A aplicação mais imediata de um relé com contato simples é no controle de um circuito externo ligando ou desligando-o, conforme mostra a próxima figura. Observe o símbolo usado para representar este componente.

Figura 70 – Simbologia e aplicação do relé eletromecânico

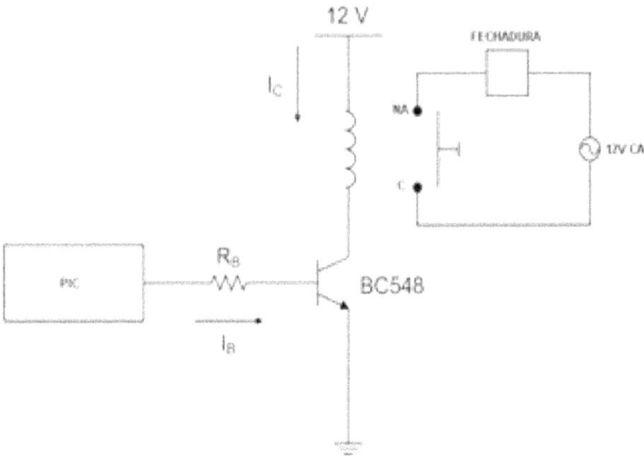

Fonte: Google Imagens

Uma das características do relé é que ele pode ser energizado com correntes muito pequenas em relação à corrente que o circuito controlado exige para funcionar. Isso leva a possibilidade de controlarmos circuitos de altas correntes como motores, lâmpadas e máquinas industriais, diretamente a partir de dispositivos eletrônicos fracos como transistores, circuitos integrados, foto-resistores etc.

A corrente fornecida diretamente por um transistor de pequena potência da ordem de 0,1A não conseguiria controlar uma máquina industrial, um motor ou uma lâmpada, mas pode ativar um relé e através dele controlar a carga de alta potência.

Outra característica importante dos relés é a segurança dada pelo isolamento do circuito de controle em relação ao circuito que está sendo controlado. Não existe contato elétrico entre o circuito da bobina e os circuitos dos contatos do relé, o que significa que não há passagem de qualquer corrente do circuito que ativa o relé para o circuito que ele controla. Se o circuito controlado for de alta tensão, por exemplo, este isolamento pode ser importante em termos de segurança.

Chaves estáticas x Relés eletromecânicos

Uma chave semicondutora oferece diversas vantagens em relação aos demais dispositivos de chaveamento. Vejamos algumas:

- ✓ Propicia velocidades de chaveamento extremamente altas, porque a chave liga de imediato;
- ✓ A operação é tranquila porque não há partes móveis e não ocorrem centelhas;
- ✓ A interferência eletromagnética (EMI) é minimizada;
- ✓ A vida útil é bem maior;
- ✓ É imune a vibrações e choques mecânicos;

- ✓ É pequena e leve;
- ✓ Pode ser controlada eletronicamente;
- ✓ O custo é baixo;
- ✓ Na comutação, não há trepidação;
- ✓ Oferece maior segurança e confiabilidade;
- ✓ Oferece a possibilidade de controle à distância e de potência entregue à carga;

Relés de estado sólido (SSR)

Os SSRs diferem dos relés eletromecânicos pelo fato de não apresentarem partes mecânicas móveis. A estrutura interna de um SSR é feita de semicondutores, assim ele pode operar em grandes velocidades, comparado a um relé eletromecânico.

Há duas categorias de SSRs: módulos I/O e chaves estáticas. Ambas são largamente são largamente utilizadas na indústria, sendo a primeira para baixas potências e empregada como interface entre o comando digital e pequenas cargas (solenóides, lâmpadas, eletroválvulas, etc.). As chaves estáticas possuem o mesmo princípio de funcionamento dos módulos I/O, porém são projetadas para operar com cargas de alta potência (grandes motores, por exemplo).

Os semicondutores que formam os SSRs podem ser TJBs, MOSFETs, SCRs e outros tantos. Ainda, há SSRs monofásicos e trifásicos que trabalham tanto em DC como em AC. A figura seguinte mostra dois tipos de SSRs: um com comando DC e o outro com comando AC. Deve ser observada a isolação ótica entre o comando de entrada e a saída.

Figura 71 – Aplicação do Relé de Estado Sólido (SSR) em controle DC e AC

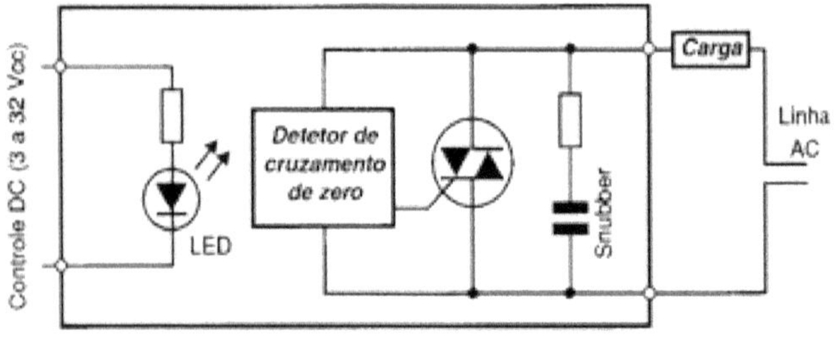

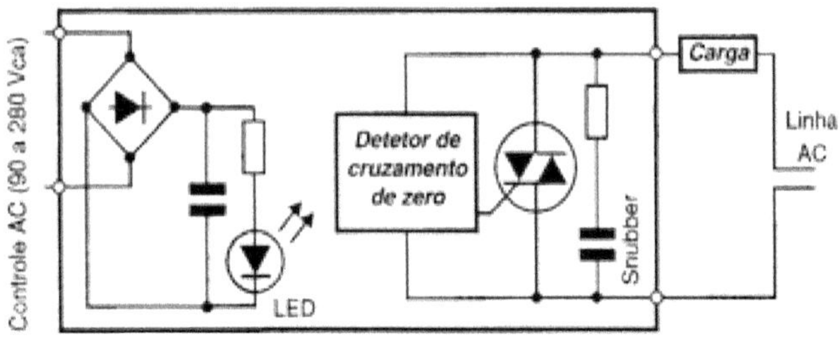

Fonte: Google Imagens

REFERÊNCIAS BIBLIOGRÁFICAS

AHMED, Ashfaq. **Eletrônica de Potência**.Prentice Hall, 2000.

ALMEIDA, José Luis Antunes de. Estude e Use – Dispositivos Semicondutores – **Tiristores**. Editora Érica.

LANDER, Cyril W. **Eletrônica Industrial** – Teoria e Aplicações – 2ª Edição. MAKRON Books do Brasil Editora Ltda. 1996.

MALVINO, A.; BATES, D. J. **Eletrônica.** 7. ed. Porto Alegre: Amgh, v. 1. 2007.

SEDRA, Adel S.; SMITCH, Kenneth C. **Microeletrônica**. 5. ed. Books, 2010.

www.ingramcontent.com/pod-product-compliance
Ingram Content Group UK Ltd.
Pitfield, Milton Keynes, MK11 3LW, UK
UKHW021939190726
13853UKWH00004B/1547

9 786586 182224